パパっとできて、センスも身につく

# Illustrator
# おてがる入門

Easy Introduction to Illustrator

専門学校講師のイラレさん

JN207567

技術評論社

## 免責

　本書掲載の画面は、Adobe Illustrator CC2024 を元としています。

　本書は情報の提供のみを目的としています。したがって、本書の記述に従った運用は、必ずお客様ご自身の責任と判断によって行ってください。これらの情報の運用の結果について、技術評論社および著者は、如何なる責任も負いません。本書中に記載の会社名、製品名などは、一般に各社の登録商標または商標です。また、本文には™、® マークは掲載しておりません。

※本書記載の内容は 2025 年 1 月時点の情報に基づいたものです。以降、技術仕様やバージョンの変更等により、
　記載されている内容が実際と異なる場合があります。あらかじめご承知おきください。

# はじめに

こんにちは！

現役専門学校講師の傍ら、YouTubeをメインに活動している「専門学校講師のイラレさん」と申します。「楽しく、わかりやすく」をモットーに

・YouTube
・X（Twitter）
・ブログ

などでAdobe Illustratorやデザイン系の情報を発信しています。

突然ですが、あなたはIllustratorというソフトが「難しそう」「よくわからない」と感じていませんか？

本当は楽しいのに、そう思えないのはもったいない！　Illustratorの魅力を感じるためには、何かちょっとしたきっかけが必要だと思います。

私の場合は、学生時代に課題でほめられたことでした。

今思えばすごく単純で恥ずかしい限りですが、自分のデザインをほめられたのがきっかけで「自分はデザインが得意なんだ！」と信じるようになり、どんどんIllustratorが楽しくなっていきました。

できることが増えればそれは成功体験につながり、楽しさを感じながら、どんどんレベルアップしていきます。これからIllustratorを学ぶあなたには、ぜひこのステップを踏んでもらいたいと思っています。

そこで本書では、簡単な操作から始め、徐々にレベルアップしていく構成にしています。本書の手順を真似しながらデザインを作ることで、Illustratorの操作を楽しく学べるだけでなく、魅力的なデザインのコツも自然と身につけることができます。専門用語もできる限りかみ砕き、わかりやすく解説することを心掛けています。

本書が皆さんにとって、Illustratorを楽しむための『きっかけ』になれば嬉しいです！

# 目次

## Level 0 Illustrator基礎知識　7

0_1　Illustratorの基本　8
0_2　Illustratorを立ち上げた後の大事な設定　11
0_3　おすすめの5つの初期設定　18
0_4　これなしには始まらないアートボードの作り方・使い方　22
0_5　人によっては便利な設定　25

## Level 1 まずは線を描いてみよう　29

1_1　まずは直線を描いてみよう〜超基本の線を描く　30
1_2　一番よく使うツールは？〜パスや図形を選択する　32
1_3　もう一つの選択ツール〜部分を選ぶか全部を選ぶか　35
1_4　デザインメイキング：キレイな波線の描き方　38
1_5　曲線の描き方は？〜ハンドルの操作方法　40
1_6　直線を曲線に変えるには？〜アンカーポイントツール　43
1_7　自由に線を描きたい〜ブラシツールでフリーハンドの線を描く　45
1_8　デザインメイキング：ブラシツールであしらいを描いてみよう　47
1_9　自由に線をアレンジしたい〜①点線を描く　50
1_10　自由に線をアレンジしたい〜②木炭、チョーク、水彩など応用いろいろ　52
1_11　線から図形を描きたい〜ペンツールで線をつなげる　57

## Level 2 線をつなげると図形になる　61

| | | |
|---|---|---|
| 2_1 | いろいろな図形を描きたい〜図形用ツールの種類を学ぼう | 62 |
| 2_2 | 重なる順番を変更したい〜メインは「最前面」「最背面」の2つ | 67 |
| 2_3 | レイヤーの順番を変更したい | 70 |
| 2_4 | オブジェクトの色を変更したい | 73 |
| 2_5 | 思い通りにコピペしたい〜コピーに関するショートカット | 77 |
| 2_6 | デザインメイキング：幾何学模様を作ってみよう | 79 |
| 2_7 | 簡単に別の色に変更したい | 83 |
| 2_8 | もっと自由に図形を描きたい | 88 |
| 2_9 | デザインメイキング：北欧風の模様 | 91 |
| 2_10 | 色をグラデーションにしたい！〜①基本のグラデーションを知る | 93 |
| 2_11 | 色をグラデーションにしたい！〜②自由に色を混ぜ合わせる | 98 |
| 2_12 | 図形を合体させたい〜シェイプ形成ツールを使った家のアイコン | 100 |

## Level 3 図形を組み合わせるとイラストになる　105

| | | |
|---|---|---|
| 3_1 | デザインメイキング：簡単なイラストを作成しよう | 106 |
| 3_2 | もっと便利にイラストを作りたい：線を図形に変換する | 113 |
| 3_3 | 図形をぱっぱと組み合わせたい！　ワンクリックで効率的な合体 | 118 |
| 3_4 | デザインメイキング：リボンのあしらい | 122 |
| 3_5 | デザインメイキング：図形を花に変形させる | 127 |
| 3_6 | オブジェクトをパターンとして登録したい | 130 |
| 3_7 | 綺麗にイラストを整列させたい〜①整列パネルの使い方 | 134 |
| 3_8 | 綺麗にイラストを整列させたい〜②ガイドを使って整列させる | 138 |
| 3_9 | 四角から生成AIでイラストを描く | 142 |
| 3_10 | よく聞くけどよくわからない「アピアランス」ってなに？ | 148 |

## Level 4

# 文字を変形させるとロゴになる

155

| | | |
|---|---|---|
| 4_1 | 文字入力のきほんのき | 156 |
| 4_2 | 文字の設定を直したい | 159 |
| 4_3 | おしゃれなフォントを使いたい | 162 |
| 4_4 | 文字をパスに変換したい | 166 |
| 4_5 | デザインメイキング：部分的に文字の色を変えたデザイン | 168 |
| 4_6 | デザインメイキング：文字の一部をイラストにする | 171 |
| 4_7 | 一部の文字だけを強調したい | 176 |
| 4_8 | デザインメイキング：文字に枠をつけたい | 179 |
| 4_9 | デザインメイキング：飛び出す文字を作りたい | 184 |
| 4_10 | 塗りつぶしで文字を作成したい | 190 |
| 4_11 | モックアップを作成したい | 197 |

## Level 5

# 画像を加えてレイアウトしよう

203

| | | |
|---|---|---|
| 5_1 | 画像を配置しよう〜「リンク」と「埋め込み」の違いって？ | 204 |
| 5_2 | 画像を自由に切り抜こう（トリミング） | 210 |
| 5_3 | 文字で画像を切り抜くと | 215 |
| 5_4 | 画像をイラストみたいに加工したい | 218 |
| 5_5 | 画像やパスに合わせて文字を入れたい | 222 |
| 5_6 | 画像をよけて文字を打ちたい | 226 |
| 5_7 | Illustratorのデータを書き出したい | 228 |
| 5_8 | Photoshopのデータを使いたい | 235 |
| 5_9 | YouTubeのサムネイルの作り方 | 238 |

# Level 0

Illustrator基礎知識

## Level 0

# 1 Illustratorの基本

この本では、さまざまなIllustratorの使い方やそのテクニックを応用したデザインメイキングなどを紹介していきます。ですが、その前にIllustratorとはどんなソフトなのか？ どんなことが得意で、どんなことが苦手なのか？ その特徴から見ていきましょう。

## イラレはどんなことができるの？

### ① どんなところで使われる？

Adobe Illustrator（通称：イラレ）は、デザイン業界やイラスト制作でよく使われているグラフィックデザインソフトです。

### ② ロゴデザイン

たとえばロゴ作成ではSNS用のアイコンから企業のロゴまで幅広く使われています。

③ シンプルなイラスト

また、境界線や色がはっきりしたシンプルな
イラストも得意としています。

④ Webデザインやポスター

Webデザインやチラシ・ポスターなど、デ
ザインの現場でもよく使われています。

## ベクターデータ、ラスターデータって？

① **IllustratorとPhotoshopの違い**

Illustratorと一緒に使われることが多いのが、Photoshopというソフトです。Illustratorと
Photoshopでは得意とするデータの種類が違います。

② **Illustratorはベクターデータ**

Illustratorはドロー系というソフトで、基本
的にベクターデータという形式でデータを扱
います。このデータは、数式を元に画像を作っ
ていて「拡大縮小しても画像が劣化しない」
「ファイルサイズが軽い」などのメリットが
あります。「数式を基に画像を作る」という
原理は操作に必要な知識ではありませんが、
覚えておくと役立つ場面もあります。最初の
うちは「どんなサイズでもキレイに見える」
と押さえておくとよいでしょう。

### ③ Photoshopはラスターデータ

図はベクターデータとラスターデータを比較したものです。Photoshopはいわゆるペイント系というソフトで、ラスターデータという形式でデータを作ることができます。ラスターデータはピクセルと呼ばれる色の集合体で画像を表現し、拡大縮小するとそのぶんだけ画像が劣化する特徴があります。その分、複雑な画像表現はPhotoshopのほうが得意です。

ベクター　　　ラスター

## IllustratorとPhotoshop、おすすめはどっち？

### ① 得意なことがそれぞれ違う

どちらも長所と短所があるため、おすすめは一概にはいえません。用途に応じて使い分けることになります。たとえば以下のような用途は、Photoshopを使いましょう。

### ② 写真の加工

Illustratorは写真の編集や加工が苦手です。写真データを開くことはできますが、写真自体の色を変えたり、不要物を除去するといった編集はPhotoshopが得意としています。

### ③ グラデーションを多用するイラスト

グラデーションやぼかしを多用する、いわゆるペイント系のようなイラストもIllustratorは苦手です。

## Level 0 - 2 Illustratorを立ち上げた後の大事な設定

Illustratorを起動すると、最初に表示されるのがホーム画面です。左上の「新規ファイル」ボタンをクリックで出てくるウィンドウから、さまざまな形式（プリセット）で新規ファイルを作成できます。たとえば、iPhoneやはがきのプリセットがあります。作りたいプリセットを選ぶだけで新規ファイルを作成できますが、選ぶ前に知っておきたい重要な設定があります。

### 新規ファイル作成前の重要な設定〜「印刷」と「Web」

 **プリセットは大きく分けて2種類**

プリセットは大きく2種類に分かれます。印刷用とWeb用です。このどちらを選ぶかが非常に重要で、ファイルの初期設定が大きく違います。印刷用とWeb用には、3つの大きな違いがあります。
1　単位
2　裁ち落とし
3　カラーモード

「印刷用」もしくは「Web用」のプリセットを選ぶと、デフォルトでそれぞれに最適化された設定が入力されています。作りたいデザインに合うよう、それぞれ自分で設定をいじることも可能です。この3つの違いを理解することで、Illustratorをよりうまく使えるようになります。順番に1つずつ確認していきましょう。

## 1　単位

### ① 作りたいものに合わせた単位を選ぶ

印刷用とWeb用の1つ目の違いは「制作物のサイズ単位」です。Illustratorでは単位を自由に選ぶことができますが、制作物に合わせた単位を設定すると大きさやバランスを把握しやすくなります。

### ② 印刷の単位

印刷用で一般的に知られる単位には、ミリメートルやセンチメートルなどがあります。たとえばA4サイズの紙ならば210mm×297mmですが、A4サイズの印刷物を作る場合Illustratorのデータの単位をミリメートルに合わせるほうがよいでしょう。ちなみに印刷業界では1歯＝0.25mmという単位も使われます。

### ③ Webの単位

一方でWeb用の画像ではピクセルという単位が使われます。単位はpxと表記します。ピクセルとは、モニターやディスプレイに表示される、最小単位の色の粒のことです。なじみがないと感じる方もいるかもしれませんが、日本語でいう画素と同じです。「スマホやテレビの画素数……」といった風に、普段から使われている概念です。

### ④ YouTubeの場合

たとえばYouTubeのサムネイルは、1920×1080pxというサイズが一般的です。つまりサムネイルには横に1920個、縦に1080個の小さな色（ピクセル）が並んでいる、ということになります。Web用の画像を作りたい場合は、最終的な仕上がりが把握しやすくなるので、Web用に合わせたピクセルを選ぶようにしましょう。

なお、この本ではそれぞれの節で作る制作物の大きさを指定していません。好みの大きさで作って楽しんでみてください。

## 2　裁ち落とし

### ① 印刷の際に必要な単位

印刷用とWeb用の2つ目の違いは「裁ち落とし」です。裁ち落としは、印刷所に印刷を依頼する際に必要な設定です。印刷所に印刷を依頼するデータを作る場合は、実際の印刷サイズよりも上下左右に3mmずつの大きいデータを作らなければいけません。

### ② 3mmずつ大きいデータを作る理由

上下左右に3mmずつ大きいデータを作る理由は、印刷所の印刷の工程に理由があります。一般的に印刷というとA4サイズなどに切られた紙をプリンターにセットして印刷することを思い浮かべると思いますが、印刷所ではその順番が逆になります。つまり、大きな紙に印刷してから、それをA4サイズなどに切るという工程になります。

印刷してから紙を切った場合、どんなに注意していても想定サイズと裁断位置に多少のズレが生じてしまいます。特に、想定サイズの縁ギリギリまで使ったデザインで印刷しようと考えていた場合にズレが起こると、印刷されていない白い部分ができてしまいます。

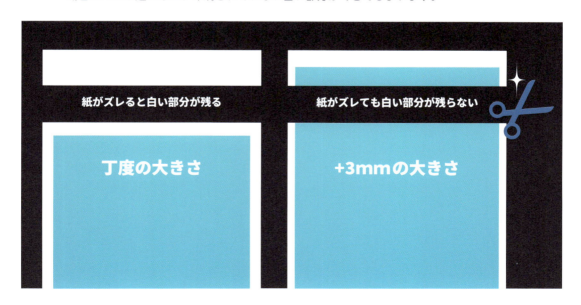

## ③ Illustratorでのデータ作成ポイント

そこで、あらかじめ3mmずつ大きいデータで印刷しておいてから、想定サイズになるように、その印刷の3mm内側を切るようにします。こうすることでズレが生じても印刷されていない白い部分が出てこなくなります。これが裁ち落としの考え方です。

Illustratorでは、アートボード（後述）の外側に3mmの裁ち落としという範囲を設けてデザインを配置します。この裁ち落としは、業界では塗り足しという風に呼ばれる場合もあります。

## ④ Web用では裁ち落としは不要

Web用のデザインでは、紙を切る工程がないため、裁ち落としの設定は不要です。また、家庭用のプリンターで印刷する場合も、後から紙を切るわけではないので、裁ち落としは必要ありません。

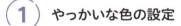

3　カラーモード

## ① やっかいな色の設定

印刷用とWeb用の3つ目の違いは「カラーモード」です。Illustratorには印刷用に適したCMYKというカラーモードとWeb用に適したRGBというカラーモードがあります。カラーモードをまちがえると、思っていた色と違う色になるなど不具合が起こります。Illustratorをうまく使うためには、カラーモードの理解が重要です。

## ② RGB（アールジービー）とは？

RGBは、簡単にいうと光で色を表現する方法です。主にはモニターなどに表示する際に使われる色の表現方法で、光の三原色といわれるRed（レッド）、Green（グリーン）、Blue（ブルー）の頭文字から名前がきています。

## ③ RGBの色作成の法則は？

RGBで色を作成する時はR、G、Bそれぞれの色を0～255までの数値で混ぜ合わせます。赤、青、緑の3つのライトの光をあてるイメージです。

最小値の0の時はライトの光がついていない時のように暗く（黒く）なり、最大値の255の時はライトの光が最も明るく（白く）なります。RGBでは色を混ぜた時、色味の他に明るさも明るく変化します。1つのライトより2つのライトの方が明るくなるみたいなものです。

たとえば、赤のライトと青のライトを混ぜた時、色味は紫になりますが、強く混ぜるほど明るさも明るくなります。この考え方を加法混色といい、すべての色を最大値の255にすると白になります。

## ④ CMYK（シーエムワイケー）とは

CMYKは、インキで色を表現する方法です。主には印刷物で使われる色の表現方法で色の三原色であるCyan（シアン）、Magenta（マゼンタ）、Yellow（イエロー）とKey Plate（黒）の頭文字から名前がきています。

## ⑤ CMYKの色作成の法則は？

CMYKで色を作成する時はC、M、Y、Kに0〜100％までの数値を入力することで色を作成します。絵の具の色を混ぜるイメージだと覚えやすくなります。最小値の0％の時は絵の具がついていないように色が薄く（白く）なり、最大値の100％の時はしっかり絵の具をつけた時のように濃く（黒く）なります。

またCMYKを混ぜた時も、色味の他に明るさが暗く変化します。たとえば、シアン（水色）とイエロー（黄色）を混ぜると緑になりますが、色は元の明るさより暗くなります。いうなれば、たくさんの絵の具を混ぜると暗くなっていくようなものです。RGBとは逆で混ぜるほどに暗くなる法則があり、これを減法混色といいます。

## ⑥ 思っていた色と違う色になる？

「印刷したらディスプレイで思っていたのと違う色になる」ということはよく起こります。これはカラーモードをまちがえて選んでいる時に起こります。その原因は、RGBとCMYKで色の数が違うからです。RGBとCMYKでは使える色の数が違い、RGBの方がより多くの色が使えます。

使える色の数は
実質RGBの方が多い

## ⑦ 印刷の際は別色に置き換えられる

計算上はCMYKの方が色数が多くなるのですが、実際の印刷ではそこまで細かく色差を表現できないため、CMYKは使える色が限られます。RGBのカラーモードで作った色を印刷すると、そのRGBの色はすべて自動でCMYKに置き換えられます。しかしそのとき、CMYKに該当する色がないと、別の色に置き換えられるということが起こります。特にビビッドな色は、くすんだ色になってしまうことがあります。

なお、この使える色の数を色域と言います。

# 「印刷用」と「Web用」の違いまとめ

以上のように、新規ファイル作成時の注意点は「印刷用」か「Web用」のプリセットを正しく選択する必要があります。その主な違いのまとめは以下の通りです。

## ① 単位の違い

印刷用 ：ミリメートル（mm）やセンチメートル（cm）などの単位が使用されます。名刺やポスターといった紙に印刷する制作物に適しています

Web用：ピクセル（px）という画面上の単位が使用されます。SNSの投稿やWebデザイン全般の制作物に適しています

## ② 裁ち落としの有無

印刷用 ：裁ち落とし（塗り足し）の設定が必要です。印刷所にデータを依頼する場合、実際の仕上がりサイズよりも上下左右に3ミリずつ大きくデザインを作成します。この部分を仕上げ時にカットすることで、裁断のズレを防ぎきれいに印刷できます

Web用：裁ち落とし設定は不要です

## ③ カラーモード

印刷用（CMYKモード）

用途 　　　：CMYKは印刷用に適しています
色の表現方法：CMYKはインクを使って色を表現します
色の混ざり方：CMYKは色を混ぜると暗くなります
色域 　　　：RGBで作った色がCMYKではうまく表現できないことがあります

Web用（RGBモード）

用途 　　　：RGBはWeb用に適しています
色の表現方法：RGBは光を使って色を表現します
色の混ざり方：RGBは色を混ぜると明るくなります
色域 　　　：CMYKよりもRGBの方が実質的に多くの色を使えます

それぞれの特性を理解することで、思い通りのデザインを作れるようになります。新規作成する前に正しく選ぶようにしましょう。

2　Illustratorを立ち上げた後の大事な設定　17

Level 0

# 3 おすすめの5つの初期設定

Illustratorの操作画面は、自分が使いやすくなるように表示する項目を整理したり、カスタマイズすることができます。つまりは、人それぞれが独自の操作画面になっているのですが、それは私も例外ではありません。そこで、この本をわかりやすく利用してもらうために私の設定を紹介しておきます。おすすめの設定といえますので一緒に設定してみてください。

## おすすめの設定①　コントロールにチェック

### ① ウィンドウ>コントロール

画面上部の「ウィンドウ>コントロール」にチェックを入れて、メニューを表示させます。

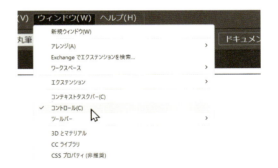

### ② 関連操作がまとまって出てくる

コントロールパネルは画面上部に表示されるメニューで、「いま、操作していること」に関連する設定が表示されます。たとえば、線を描いたとしたら、線の太さや色を変更するための設定が出てくるなどです。

## おすすめの設定② 　ツールバーの詳細

### ① ウィンドウ＞ツールバー＞詳細

「ウィンドウ＞ツールバー＞詳細」にチェックを入れると、ツールバーのメニューの数が増えます。デフォルトでは、Illustratorでよく使うツールに絞られた「基本」ツールバーが表示されています。

### ② ツールバーの使い方

ツールバーは通常画面左側に表示されていて、このアイコンから機能を選びながらIllustratorを操作していきます。「基本」のツールバーに表示されていないツールの中にも便利な機能はたくさんありますし、この本でも使う場面があります。「詳細」に設定しておいてください。

## おすすめの設定③ 　スマートガイド

### ① 表示＞スマートガイド

「表示＞スマートガイド」にチェックを入れます。この機能は、複数の制作物を同じ高さに揃えたり水平垂直に動かしたりする際、フリーハンドで操作してもいい感じの正確な位置を案内してくれる機能です。

### ② ピンク色の線を参考に

ピンク色の線がスマートガイドです。特に始めのうちはスマートガイドがついていた方が、イラレを便利に使えるはずです。

## おすすめの設定④　プロパティ

### ① ウィンドウ>プロパティ

「ウィンドウ>プロパティ」からプロパティにチェックを入れると、プロパティパネルが表示されます。このパネルもコントロールパネルと同じで、操作していることに関連する設定が表示されます。

### ② ここにしかない機能も

ただし、表示される内容が一部違います。たとえば、単位の変更や定規の表示・非表示などはプロパティパネルから設定できます。何かに困った時はこのパネルを見るようにしましょう。

## おすすめの設定⑤　パネルの整理

 **いつのまにか、画面がごちゃごちゃ**

Illustratorではコントロールパネルやプロパティパネルだけではなく、メニューからさまざまなパネルを開き操作していきます。つまりどんどんパネルが増えていくのですが、パネルがたくさん表示されすぎると画面が隠れてしまい、作業がしづらくなります。その時覚えておきたいのがパネルの整理方法です。

**② その都度画面を整理するのが大事**

パネルは上部をドラッグすると、位置を変更することができます。そのまま画面端やタブの隣などに動かすと青い線が表示され、そこで指を離すとパネルを移動させることができます。たとえば、関連するパネル同士は隣のタブに表示しておくなどうまく整理すると、操作も簡単になります。
以上が、この本を使ううえでのおすすめの初期設定です。

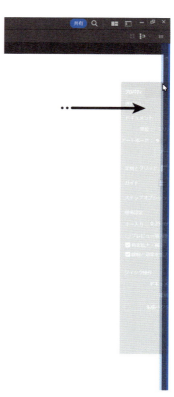

## Level 0
## 4 これなしには始まらない アートボードの作り方・使い方

新規ファイルを作成すると、Illustratorの画面にアートボードが表示されます。Illustratorのアートボードは、スケッチブックのページのようなものです。スケッチブックには複数のページがあり、それぞれのページに絵を描くことができますが、同じようにIllustratorのアートボードでも、1つのドキュメント内に複数のアートボードを作成して、それぞれに異なるデザインを配置することができます。

### アートボードの作り方

① **自動で1つ作られる**

新規ファイルを作成すると、自動でIllustratorの画面にアートボードが表示されます。

② **アートボードの使い方**

デザイン案を見比べたり、異なるサイズのバナーを一つのファイル内で作成するときなどに、次の操作でアートボードを複数個作ると便利です。また作成したアートボードは、アートボードごとに印刷や画像の書き出し（後述）ができます。

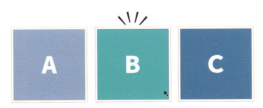

## アートボードの増やし方と変更

### ① アートボードツールを使う

新規ファイルを作成した場合、最初はアートボードが1つしかありません。アートボードの追加や設定の変更は、ツールバーの「アートボードツール」を使うのが直感的でわかりやすいです。

### ② アートボードの編集画面

アートボードツールをクリックすると、アートボードを編集する画面に変わります。

### ③ アートボードの増やし方

アートボードツールをクリックすると、アートボードを編集する画面に変わります。アートボードを追加する時は、画面上部のコントロールパネルのプラスのボタンで追加できます。その隣にある「名前」でアートボードの名前を変更できます。これは画像を書き出すときのファイル名になるので、目的の名前や分かりやすい名前にしておくと便利です。

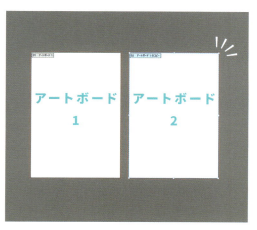

④ **アートボードの大きさの変更**

アートボードの大きさを変更する方法のひとつに、プリセットから選ぶ方法があります。プリセットのプルダウンをクリックすると、A4サイズやiPhone、iPadなどの大きさが用意されています。その隣にある人のアイコンで縦置きや横置きの変更もできます。

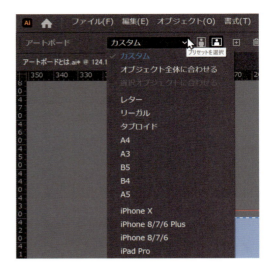

⑤ **直接数値を変更することもできる**

プリセットを使わずにアートボードの大きさを変更する場合は、コントロールパネルなどから数値を入力してその大きさで作成することができます。入力するのは幅（W）と高さ（H）の部分です。

⑥ **編集画面から通常画面への戻り方**

編集画面から通常の操作画面には、キーボードの Esc キーを押すと戻れます。

## Level 0

# 5 人によっては便利な設定

おすすめの初期設定の他に、ひょっとしたら「人によっては便利に感じるかもしれない」という設定も紹介しておきます。

## 試してみたい設定①：カンバスカラーを白にする

### ① カンバスとは

Illustratorでは制作物をつくるアートボードと呼ばれるスペースがあります。そしてそのアートボードの外側を「カンバス」と言い、デフォルトではグレーに表示されています。このカンバスを、グレーから白に変更する設定です。

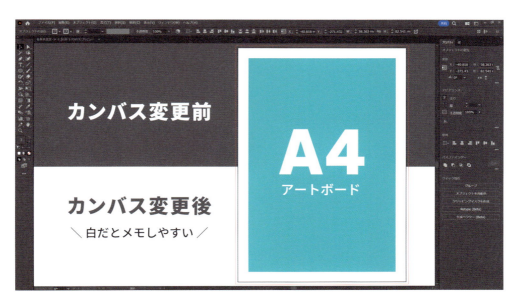

## ② 環境設定を開く

画面上部から「編集＞環境設定＞ユーザーインターフェース」をクリックします。

## ③ カンバスカラーをホワイトに

「カンバスカラー」でホワイトを選択します。これは私もやっていて、メモ書きしやすい、作業スペースとして使いやすいなどの効果があります。

## ④ インターフェースのカラーを変更する

上と同じパネルの「明るさ」から、操作画面の色を暗いグレーから明るいグレーに変更もできます。私はデフォルトでも目が疲れないタイプの人間なのですが、明るいグレーのほうが、目が疲れにくいと感じる人もいるようなので紹介しておきます。

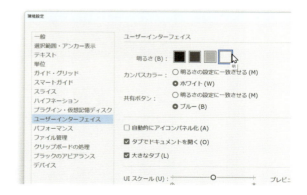

## 試してみたい設定②：キー入力の数値設定

### ① 矢印キーで移動させる

Illustratorでは、マウスのほか、キーボードの矢印キーを使うことで、制作物の位置を移動させることができます。そのキーを一回押したときの、移動する幅の数値を設定します。

### ② 編集＞環境設定＞一般

「編集＞環境設定＞一般」から設定できます。おすすめは0.25ミリです。デザイナーの方もよくこの設定にしています。

### ③ ミリ単位になっていない人は

もし表示されている単位が違うという人は、前のページを見ながら「単位」をミリメートルに直してください。

## 試してみたい設定③：サンプルテキストをオフにする

### ① サンプルテキストとは

文字を入力しようとした時に表示される、サンプルテキストをオフにすることができます。サンプルテキストは「山路をのぼりながら」と表示される文のことです。これで文字の大きさや書体の雰囲気を確認できるのですが、他のソフトにない挙動なので戸惑う方もいるようです。

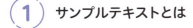

② **編集＞環境設定＞テキスト**

サンプルテキスト非表示の設定は、「編集＞環境設定＞テキスト」の中にある「新規テキストオブジェクトにサンプルテキストを割り付け」のチェックを外します。

## 試してみたい設定④：表示を大きくする

① **編集＞環境設定＞選択範囲・アンカー表示**

これは私固有の事情なのですが、YouTubeで解説動画を作る際、デフォルトの設定だと細かい部分が見づらく感じられる場合があります。そのため編集＞環境設定＞選択範囲・アンカー表示から、「アンカーポイント、ハンドル、バウンディングボックスの表示」を最大に設定しています。この本を進めていく中で、もし「自分と表示が違って何かおかしいな」と感じたとしたら、それは私が設定を変更しているからです。私と同じく、デフォルト設定だと細かい部分が見づらいと感じた方は、ぜひ試してみてください。作業しやすくなるかもしれません。

ということで、ひょっとしたら便利な設定を紹介しました。好みに合わせて設定してみてください。

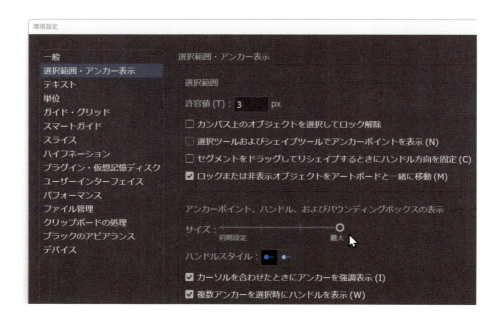

# Level  1

## まずは線を描いてみよう

## Level 1

# 1 まずは直線を描いてみよう
### ～超基本の線を描く

まず最初は、Illustratorで線や図形などを描く際の大前提から始めます。Illustratorでは点と点を結ぶと線になります。これは今後図形を描画する際の超基本の考え方になり、その点を作る代表的なツールがペンツールです。早くさまざまなデザインをしたい気持ちもあるでしょうが、しっかり理解してから先に進みましょう。

## ペンツールの使い方

 **ツールバーからペンツールを見つける**

左側にあるツールバーの、ペンのマークのアイコンがペンツールです。

② **ペンツールでクリックする**

このツールで画面の好きな場所をクリックしてみましょう。クリックすると四角い点が1つできます。

③ **2つ目の点から線になる**

さらに別の場所をクリックすると点と点が結ばれ線になります。このようにIllustratorは点を増やしていきながら線を描いていきます。

📖 **用語解説**

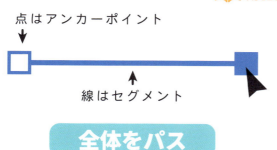

点はアンカーポイント
線はセグメント
全体をパス

クリックでできた点を、アンカーポイント、描かれた線をセグメント、すべてをまとめてパスと言います。アンカーポイントはあとから位置を動かすことで、線の位置や長さを変更できます。またアンカーポイントは色で状態を表しています。選択中のアンカーポイント、つまり動かしたりできる状態のアンカーポイントは青色で表示され、選択されていないアンカーポイントは白色で表示されます。

## ペンツールの終わり方は？

① **[Esc]キーを押すと終わる**

線が描けたら、キーボードの[Esc]キーを押すと終わることができます。この操作を行わない限りクリックするたび新しいアンカーポイントを作り続けてしまいますので、終わったら押すようにしましょう。[Esc]の他、[Enter]キーでもペンツールを終わらせることもできます。

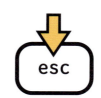

1 まずは直線を描いてみよう〜超基本の線を描く　31

## Level 1 2 一番よく使うツールは？
### 〜パスや図形を選択する

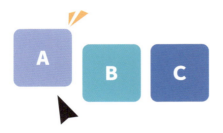
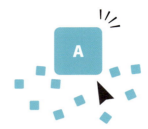

Illustratorでもっともよく使うツールの一つが、選択ツールです。パスや図形などを選ぶために使用します。通常、画面上にはたくさんのパスや図形が並ぶのですが、その中の「どれに対して操作をするのか？」を最初に選ぶためのツールです。そのため使用頻度がとても高くなります。

## 選択ツールの使い方

 **選択ツールでクリックする**

ツールバーの左上にある黒い矢印が選択ツールです。選択ツールをクリックしてから、パスや図形をクリックすると選択できます。

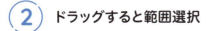 **ドラッグすると範囲選択**

また、選択ツールにした状態でドラッグをすると範囲選択をすることができます。

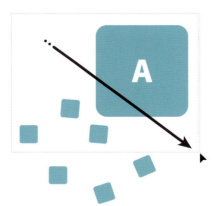

③ **移動させたり削除したり**

選択した後は、そのままドラッグをするとパスや図形を移動できたり、キーボードの `Delete` キーで削除ができます。選択ツールはこのように、選択後にさまざまな操作を行うための最初のツールです。

## 拡大縮小や回転もできる

① **周りに出てくる四角形は何者？**

パスや図形を選択ツールで選択すると、周りに四角形が出てきます。これを使うと、拡大縮小や回転などを行うことができます。

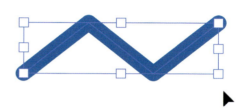

② **拡大縮小する**

小さな四角形にカーソルを合わせると、カーソルが矢印に変わります。その状態でドラッグをすると拡大縮小ができます。上下の四角は、縦方向に、左右の四角は横方向に、斜めの四角は縦横同時に拡大縮小となります。

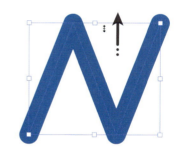

③ **回転させる**

小さな四角形のさらに少し外側にカーソルを合わせると、カーソルが回転する矢印に変化します。この状態からドラッグをすると回転できます。

2　一番よく使うツールは？〜パスや図形を選択する　33

**特定のキーを同時に押すと動きが変化する**

拡大縮小中に Alt （Option）を押しながらドラッグをすると、パスや図形の中心を基点にして拡大縮小をする動きになります。

また、Shift キーを押すと縦横比を固定したまま拡大縮小ができます。Shift キーは回転の際にも使用でき、Shift キーを押しながらドラッグすると回転角度を45度ずつに固定して回転します。

### 用語解説

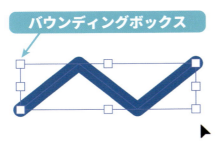

今操作した八つの四角い枠のことを「バウンディングボックス」と呼びます。このバウンディングボックスは、今回使った「選択ツール」を使用した時に表示されます。もし表示されない場合や非表示にしたい場合は、メニューバーの「表示」＞「バウンディングボックスを表示/隠す」を選択することで切り替えが可能です。

## Level 1

# 3 もう一つの選択ツール
### ～部分を選ぶか全部を選ぶか

Illustratorにはもう一つ選択ツールがあります。それがダイレクト選択ツールです。ダイレクト選択ツールは、選択ツールとよく似ていますが、選択ツールがパスや図形の「全体」を選ぶのに対して、ダイレクト選択ツールはそれらの細かい「部分」を選ぶためのツールとなっています。具体的にはアンカーポイントを移動させる際などに使います。

## ダイレクト選択ツールの使い方

### ① ダイレクト選択ツールの場所

ツールバーの左上にある白い矢印がダイレクト選択ツールです。選択ツールと使い方は同じです。

### ② 部分を選んで修正する

アンカーポイントやハンドル（後述）といった部分的な要素を選択したあと、ドラッグで動かしたり、カーブを直したりするのが主な使い道です。デザインの修正などでよく使います。

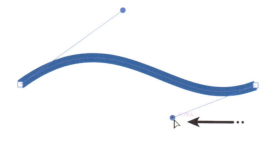

## ③ 角を丸くしたりもできる

ダイレクト選択ツールでパスや図形の角をクリックすると、内側に白い丸が出てきます。この丸をドラッグすると角を丸くすることができます。

― 用語解説 ―

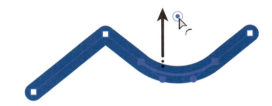

角を丸くする機能をコーナーウィジェットといいます。これを使うときれいに角が丸くなります。角が丸くなると、親しみやすい印象になります。私もよく使う、早くて便利な機能です。

## セットで覚えておきたい機能〜画面の操作

### ① ダイレクト選択ツールの使い方

ダイレクト選択ツールは部分を選ぶという性質上、細かい作業の時に使うことが多いです。たとえば図のように近くにアンカーポイントがたくさんある場合はそのままだと非常に選びにくいため、画面の表示を拡大してクリックしたくなるはずです。そういった時にダイレクト選択ツールとセットで覚えておきたいのが、画面表示の拡大縮小と画面の移動です。

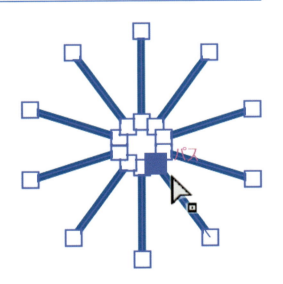

## ② 画面表示の拡大縮小

画面表示の拡大縮小をするには、Alt（Option）を押しながらマウスのホイールを回転させます。もしホイール付きのマウスを使っていない場合は、ツールバーのズームツール（虫眼鏡のアイコン）でも拡大縮小が可能です。ズームツールを選んだあと、マウスを左右にドラッグさせて使います。

## ③ 画面の移動

画面を移動する時はスペースキーを押しながらマウスをドラッグします。これで画面を拡大したまま移動することができます。ちなみにツールバーの手のひらツールでも代用可能です。手のひらツールもドラッグで移動です。

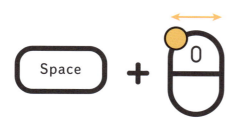

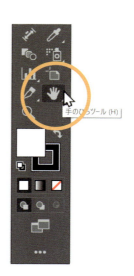

ということで、選択ツールとダイレクト選択ツールでした。こちらはIllustratorで非常によく使う基本中の基本のツールです。ほとんどの操作は、このどちらかのツールから始めることになるでしょう。自然に使えるようによく覚えておきましょう。

### Level 1

# 4 キレイな波線の描き方

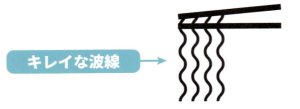

左右対称で完全に整った波線を描きたい時は、アンカーポイントを1つずつ増やしながら描いたりしません。形が均一にならないばかりでなく、時間もかかってしまいます。こういう時は、アピアランスという便利な機能で作っていきます。アピアランスについてはある程度Illustratorが分かってからの方が理解しやすいはずなので、後半で詳しく説明します。ここではその便利さだけ体感してください！

## 一緒に操作してみよう

### ① ペンツールでパスを描く

ラーメンのアイコンを一緒に作ってみましょう。まずペンツールで垂直のパスを描きます。Shiftキーを押しながら操作すると、ブレずに垂直のパスを描くことができます。

### ② ジグザグの効果をかける

今のパスを選んだ状態で、効果＞パスの変形＞ジグザグという機能を選びます。名前の通り線をジグザグさせるアピアランスの機能です。

デザインメイキング

③ 波の数と大きさを決める

出てきたパネルでジグザグの設定を決めていきます。大きさという項目でジグザグの大きさを、折り返しでジグザグの数を変更することができます。また、ポイントを「滑らかに」に変更することでジグザグが滑らかな波線になります。

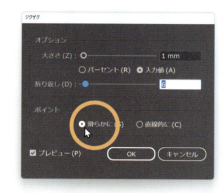

④ 波線をコピーする

選択ツールで Alt （ Option ）を押しながら移動させるとコピーができます。この操作で、波線の数を増やします。

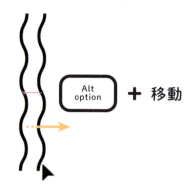

⑤ 箸をイメージしたパスを描く

波線の上に箸をイメージした直線のパスを2つ描きます。

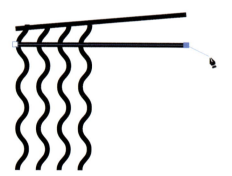

⑥ お箸を太くして完成

麺の2倍くらいを目安に太くして完成です。線の太さは画面上部のコントロールパネルや、プロパティパネルから変更できます。

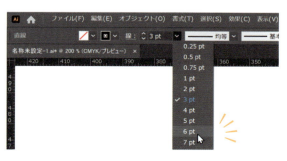

4　キレイな波線の描き方　39

Level 1

# 5 曲線の描き方は？
## 〜ハンドルの操作方法

直線が描けたので、次は曲線を描いてみましょう。といっても、自由な曲線を描くのは、慣れが必要でいきなりうまくは描けないはずです。初めての人は、仕組みを覚えるつもりでチャレンジしてみてください！

## 曲線の描き方

### ① ペンツールをクリックする

曲線を描く時も直線同様ペンツールをクリックします。

### ② ドラッグで描き始める

ペンツールを選んだ状態からドラッグで描き始めます。ペンツールでドラッグするとアンカーポイントから丸が付いた線が伸びてきます。この線の方向と長さの調整で、曲線の曲がり具合を決めていきます。

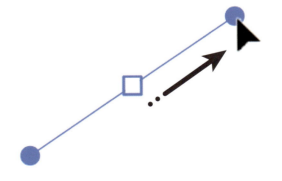

## ③ ドラッグ→ドラッグで曲線が描ける

そのままドラッグでアンカーポイントを増やすと、アンカーポイント同士が曲線で結ばれます。

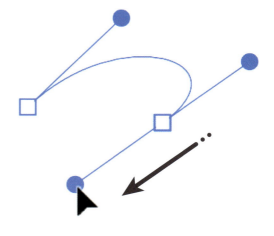

## ④ Esc キーで終わる

曲線を描き終わったら、Esc キーを押してペンツールから抜けます。このようにペンツールではクリックで直線が、ドラッグで曲線が描けます。

用語解説

ペンツールのドラッグで出てきた、丸がついた線のことを「ハンドル」と言います。ハンドルの方向でカーブの方向を決めます。ハンドルの長さはカーブの強さを決めます。強いカーブにしたい場合は長く、緩やかにしたい場合は短くします。慣れないうちは、「方向を決めてから長さを決める」といった具合に分けて考えると描きやすいでしょう。

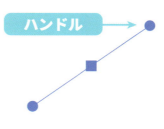

## 微調整はハンドル×ダイレクトツールで

### ① 好きなカーブを作るには

最初のハンドルだけでも曲線は描けますが、思い通りのカーブにならない場合があります。そんなときは、ダイレクト選択ツールや次に紹介するアンカーポイントツールで変更します。

### ② 2つのハンドルで操作する

2点目のアンカーポイントでもハンドルを伸ばし、両方でカーブをつけます。

## Level 1
## 6 直線を曲線に変えるには？
### 〜アンカーポイントツール

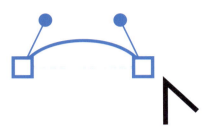

パスを描く時の迷いや操作ミスから既に描いてある直線を曲線に直したいと感じるのはよくあることです。そんな時は、アンカーポイントツールを使うのが分かりやすいです。

## アンカーポイントツールの使い方

### ① アンカーポイントツールの場所

アンカーポイントツールは、ペンツールを長押しすると出てきます。

### ② ドラッグしてハンドルを出す

アンカーポイントツールでアンカーポイントを選択してドラッグすると、ハンドルが伸びて曲線に変えることができます。

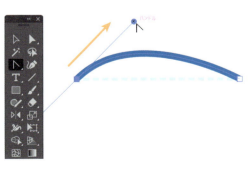

### ③ 曲線→直線に戻すこともできる

逆にハンドルが伸びているアンカーポイントをクリックすると、直線に戻すことができますし、ハンドルの丸い部分をクリックすると、そのハンドルだけを消すことができます。

### ④ ペンツールの途中で切り替えるには？

ペンツールの途中で直線、または曲線に切り替える場合は切り替えたいアンカーポイントで Alt （ Option ）を押しながら、以下の操作をします。

直線から曲線に切り替える時は、アンカーポイントをドラッグ

曲線から直線に切り替える時は、アンカーポイントをクリックです。

### ⑤ ∧マークが目印になる

アンカーポイントにカーソルを合わせた時に「∧」のようなマークがついている時に切り替えられます。ここでも先ほどの「直線はクリック、曲線はドラッグ」という法則が出てきます。

## Level 1

# 7

# 自由に線を描きたい
## ～ブラシツールでフリーハンドの線を描く

ペンツールで描く線は、Illustratorの特徴の一つともいえますが慣れが必要で、最初は使いにくく感じるかもしれません。そんな時はフリーハンドで線を描く別の方法もあります。

## ブラシツールの使い方

### ① ブラシツールの場所

ツールバーからブラシツール（ショートカットキーは B ）を選びます。

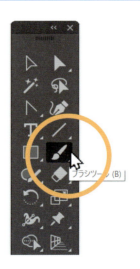

### ② 画面をドラッグ

あとはドラッグすることで、自由に線を描くことができます。ブラシツールで描いた線もパスになっているので、形の修正や色の変更などが後からできます。

## ③ 線の色を変える

画面上部のコントロールパネルからブラシの太さや色を選ぶことができます。色は、ツールバーの線の部分をダブルクリックすることでも変更が可能です。

# Illustratorにペンタブレットは必要？

## ① 基本的には不必要

Illustratorでペンタブレットは必要か？という疑問を持つ方も多いのですが、これはIllustratorの使い方によります。基本的にはペンツールが使えるようになれば不要です。しっかりイラストが描きたい場合は、板タブレットや液晶タブレットがあった方が便利です。

## ② ぶれないようになる便利な設定

もし、「ペンタブレットを買うほどではなく、少しだけフリーハンドで線を描きたい」といった場合は、線がぶれないようにするために、以下の設定を試してみてください。

1. ブラシツールをダブルクリックで出てくるオプションパネルを表示
2. 精度のスライダーを「滑らか」の方向に動かしてOKをクリック

この設定で描くと、手振れしてもスムーズな曲線に補正してくれます。マウスでもキレイなパスを描くことができるはずです。

## Level 1 — 8

### ブラシツールで あしらいを描いてみよう

あしらいとは、デザイン業界でよく使われる専門用語の一つで、「装飾」のことをいいます。例をあげるとリボン、フレーム、吹き出しなどのことで文字や画像を引き立てるために使われる装飾要素のことです。あしらいを上手に使えるようになると、見てほしい部分に視線を誘導したり、情報を整理したり、世界観を演出したりすることができます。つまり、デザインを効果的なものにするために重要な要素です。そこでこのパートでは文字にあしらいをつけてみます。今までのテクニック＋αだけでできる内容となっていますのでチャレンジしてみてください。

## 一緒に操作してみよう

### ① 文字ツールを選択する

まずはツールバーから文字ツールをクリックします。

### ② 文字を入力する

画面上をクリックすると、文字が入力できます。なお、文字の詳しい扱い方については、4章で詳しく説明します。

8 ブラシツールであしらいを描いてみよう 47

③ 文字の色を変更する

文字の色を変更する方法はいくつかありますが、今回はコントロールパネルから変更してみましょう。左側のスウォッチ（塗り）をクリックして好きな色を選んでみてください。

④ 文字の大きさとフォントを変更する

文字の大きさとフォントもコントロールパネルから変更できます。フォントサイズで数値を指定すると好みの大きさに変えられます。フォントはお好きなものでかまいませんが、「源ノ角ゴシック」にすると、お手本と同じにデザインできます。

⑤ バウンディングボックスから変更もできる

また、フォントサイズは数値で指定するほか、選択ツールの時に紹介したバウンディングボックスを使えば感覚的に拡大縮小もできます。その時は、Shiftキーを一緒に押すと、文字の縦横比が変わらずキレイに拡大縮小させられます。

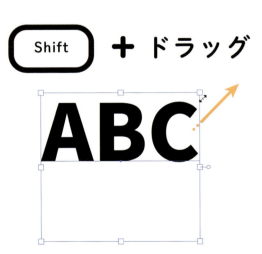

## ⑥ あしらいを自由に描いてみる

それでは文字に自由にあしらいをつけてみましょう！ 普通にABCと入力しただけの文字が、あしらいをつけることで様々な印象に変わるはずです。フリーハンドにはフリーハンドのかわいらしさがあります。思い切ってやってみましょう！

曲線を三本で
情報発信のイメージ

長さの違う直線三本で
気付きのイメージ

曲線を使ったキラキラで
新しさや輝きのイメージ

フリーハンドのぐるぐるで
困ったメージ

両脇に線二本で
大声で呼びかけるイメージ

曲線と雲と線二本で
怒ったイメージ

### セットで覚えたい操作

#### ① 操作の取り消し

描いていると失敗したりバランスがうまくいかなかったりで、やり直したくなる時があるはずです。そんな時は、[Ctrl]（[Command]）+ [Z]で取り消しができます。押すごとに一つ前の操作に戻ります。戻りすぎた場合は、[Shift] + [Ctrl]（[Command]）+ [Z]で1つ後の操作に進みます。

Level 1

## 9 自由に線をアレンジしたい
### 〜①点線を描く

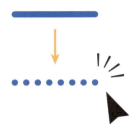

パスを使っていろいろな線を描けるようになりましたが、Illustratorにはいろいろな線の種類があります。シンプルなまっすぐの線だけでなく木炭のような荒々しい線や水彩のようなにじんだ線も描くことができます。私のおすすめをいくつか紹介しますが、まずは汎用性の高い点線の描き方からやってみましょう。

## 点線の描き方

### ① 線パネルを開く

線パネルは線にまつわる設定が集約されているパネルです。もし何か線に関してやりたいこと、設定したいことがある場合は、このパネルの中を探してみてください。ウィンドウ＞線から開くことができます。

もし線パネルが図のようには表示されていない場合は、右上の三本線のメニューからオプションを表示をクリックしてください。

### ② 破線の設定

破線にチェックを入れると、線が実線から点線になります。

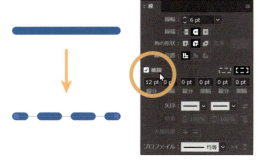

## ③ 点線の長さを変更する

「線分」で点線の長さ、「間隔」で点線と点線の間隔を設定できます。この「線分」と「間隔」は、3セット分を入力できるようになっています。通常は、線分と点線の数値を1セット入力するだけで点線を作成できます。ほかの線分と間隔は入力しなくてかまいませんが、もし2セット目を入力した場合は一点鎖線や二点鎖線（異なる長さの線を点線にしたもの）にできます。

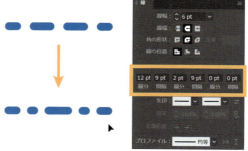

## ほかにもこんな線も作れます

### ① 丸い点線

応用で完全な丸の点線を作ることができます。線端の形状を丸型線端にし、線分を0pt、間隔は任意の数字にすると、完全な丸の点線になります。

### ② 点線の角をはっきりさせる

角があるパスを点線にした場合、点線の間隔によって角がはっきりしなくなることがあります。その場合は「コーナーやパス先端に破線の先端を整列」をクリックすると、ちょうど角に線が来るようになりはっきりします。

角がはっきりしない

角がはっきりする

9　自由に線をアレンジしたい〜①点線を描く

## Level 1
## 10 自由に線をアレンジしたい
～②木炭、チョーク、水彩など応用いろいろ

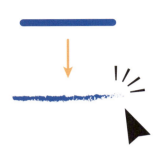

今度はブラシパネルから使える線のアレンジです。木炭やチョークなどのほか、いろんなアレンジがデフォルトで収録されているので、ぜひ試してみてください！

### いろいろな線の引き方

 **ブラシパネルを開く**

適当な線を選択状態にしてから、ウィンドウ＞ブラシをクリックしてブラシパネルを開きます。

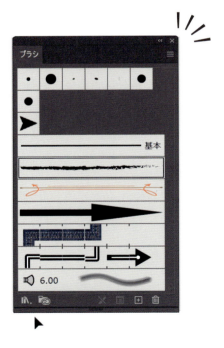

## ② ブラシライブラリを開く

左下にある本のようなアイコンのブラシライブラリメニューをクリック。

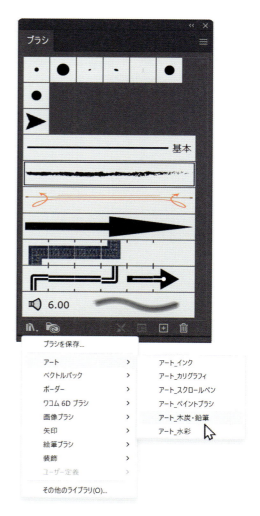

## ③ 「木炭・鉛筆」を選ぶ

アート＞アート_木炭・鉛筆を選びます。ここには木炭や鉛筆で描かれた線のようなかすれたブラシが用意されています。使いたいブラシをクリックすると、選択している線に適用されます。

④ 「水彩」を選ぶ

水彩のようなにじみのあるブラシもブラシライブラリメニュー＞アート＞アート_水彩から選べます。

⑤ 「矢印」を選ぶ

図解などで使いやすい実務的なブラシもあります。それがブラシライブラリメニュー＞矢印＞矢印_標準から選択できる矢印です。

― 📖 用語解説 ―

線にブラシを適用した後、パスの長さを修正すると、ブラシはその長さに応じて調整されます。その際、適用したブラシの種類によって変化の仕方がかわります。ここでは代表的な3種類を紹介します

1. 散布ブラシ：登録してある図形をランダムに散らした線になります
2. アートブラシ：登録してある図形が引き延ばされた線になります
3. パターンブラシ：登録してある図形が繰り返された線になります

特にアートブラシは引き延ばして描かれるという性質上、形がゆがむことがあります。用途によって使い方を工夫する必要があるかもしれません。

## 使いやすいおすすめのブラシ

### ① アート_木炭・鉛筆のおすすめブラシ

ブラシライブラリにはいろんなブラシがあって、逆に迷ってしまうのではないかと思います。ということで、おすすめのブラシを6つほど紹介します。特にチョークなどは、あしらいに使うと面白いブラシです。たとえば文字の上にチョークで書かれた白い線をのせると荒々しい印象になります。直接イラストを描くブラシというより装飾として使うと効果的だと思います。

### ② アート_水彩のおすすめブラシ

こちらもおすすめを6つ紹介します。入力した文字の線に対して、水彩ブラシを使うことも可能です。先ほどから文字の形はいっさい変わっていませんが、手書きのような印象に変えることができます。

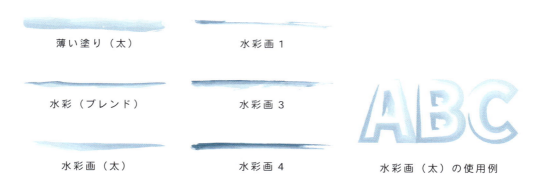

## ③ 矢印_標準のおすすめブラシ

矢印は図解するときに使います。図解のたびに矢印を描くよりもブラシで済ませると時短できるはずです。

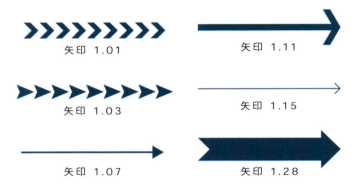
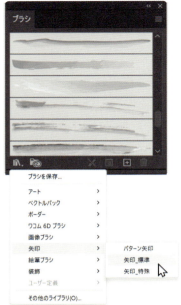

矢印 1.01 と 1.07 の使用例

## Level 1

# 11 線から図形を描きたい
## 〜ペンツールで線をつなげる

これまでのLevel1では線の描き方や線にまつわることを紹介してきましたが「ペンツールで線をつなげる」がLevel1最後となります。Illustratorでは、パスが隙間なくつながっているのか？ それとも、つながっていないのか？ この2つの状態でパスの扱いが違います。ちなみにLevel1では意図的にパスをつなげずに進めてきました。パスを閉じてLevel2にステップアップしていきましょう。ぜひ一緒にやってみてください。

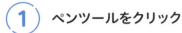

### ペンツールで四角形を作る

**① ペンツールをクリック**

前のパートでやった通りペンツールをクリックしてパスを作成していきます。Shiftキーを押しながら操作すると、水平垂直に線を描くことができます。

**② 最後の点は最初に戻る**

ペンツールでクリックしていき、アンカーポイントを適当な位置に4つ作成します。4つ目は、最初のアンカーポイントをクリックします。ピンク色の文字で「アンカー」と表示されれば、カーソルが最初のアンカーポイントに正しく合っているサインです。クリックすると線を閉じることができます。

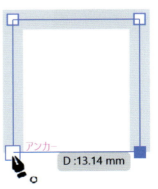

11 線から図形を描きたい〜ペンツールで線をつなげる

## 📖 用語解説

Illustratorでは点と点がつながって線になり、線と線をつなげると図形になります。線の状態で閉じていないパスをオープンパス、図形の状態で閉じているパスをクローズパスと呼びます。パスが閉じた状態からは、これまでよりも、さらに多くの表現ができるようになります。

## いろいろなパスの閉じ方：線を図形にして閉じる

### ① 線のアンカーポイントをクリック

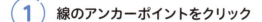

これまでやってきた中で、すでにある線を閉じて図形にしたいと感じることもあるはずです。そういった時は、ペンツールで閉じたい線のアンカーポイントをクリックします。すると、その線から続きを描き始められるようになります。

### ② つなげたいアンカーポイントをクリック

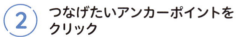

次に、つなげたいアンカーポイントの点をクリックします。これで線がつながります。また、別のやり方ではパスの連結というものがあります。

## いろいろなパスの閉じ方：パスの連結

### ① ダイレクト選択ツールで選択

ダイレクト選択ツールでつなげたいアンカーポイント2つを選択します。ドラッグで囲んで選ぶ、または Shift キーを押しながら選ぶと複数選べます。

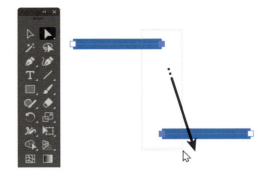

### ② オブジェクト＞パス＞連結

オブジェクト＞パス＞連結をクリック。ショートカットは Ctrl （ Command ）＋ J です。これで線がつながります。この2つの方法は状況に合わせてどちらも使うと思いますので、覚えておくとよいでしょう。ということで、Level2からは図形の状態（クローズパス）からできることについて解説します。

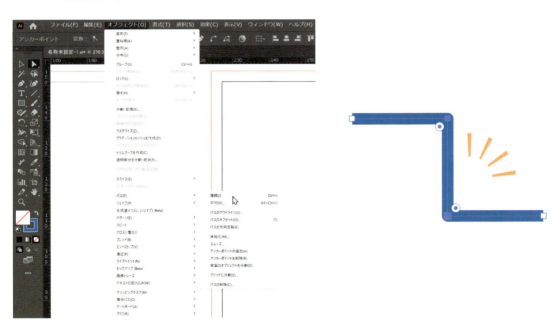

# Level 2

## 線をつなげると図形になる

# Level 2
## 1 いろいろな図形を描きたい
### ～図形用ツールの種類を学ぼう

Level2では図形に関する機能とテクニックを紹介していきます。まずは、いろいろな図形を描くところから始めてみましょう。

## 図形用のツールの基本

① **ツールの場所**

図形を作成する代表的なツールはツールバーの長方形ツールなどです。四角や丸などペンツールで一点ずつ作成していた工程を、大幅に短縮できます。

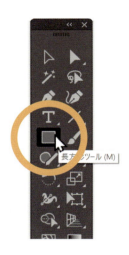

② **長方形以外にも図形用のツールはいろいろ**

右下に三角形の表示があるアイコンは「長押しすると別のメニューが出てくる」という意味です。たとえば長方形ツールを長押しすると6つのメニューが出てきます。このパートではその中から、よく使う4つを紹介します。

## 長方形ツールの使い方

### ① 長方形ツールの場所

ツールバーから長方形ツールを選択します。長方形を作成する手順は、クリックとドラッグの2つがあります。

### ② クリックで作成

長方形を作りたい場所でクリックすると、パネルが開きます。あらかじめ作成したい寸法が決まっている場合は、ここから数字で大きさを指定できます。

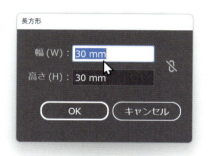

### ③ ドラッグで作成

画面をドラッグすると、ドラッグした範囲が長方形になります。そのため、直感的に作成できます。またドラッグの最中に Shift キーを押しっぱなしにしていると、正方形を作成できます。
今登場した3つのテクニックは、以降のツールでも同様に使えます。

・クリックすると大きさを数値で指定できる
・ドラッグすると感覚的に作成できる
・ドラッグの途中で Shift キーを押すと比率・向きなどが固定されて正確に描ける

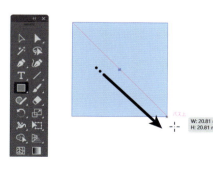

1 いろいろな図形を描きたい～図形用ツールの種類を学ぼう

## 楕円形ツールの使い方

 **楕円形ツールの場所**

楕円形ツールは丸を作成するためのツールです。

② **楕円だけでなく正円も描ける**

楕円形といっても歪んだ丸だけではなく、Shiftキーを押しながらドラッグすると正円も描けます。クリックして出てくるパネルから大きさを数値で指定できるのは、長方形ツールと一緒です。

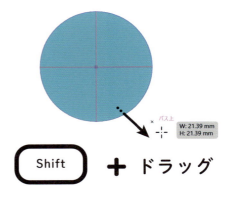

## 多角形ツールの使い方

 **多角形ツールの場所**

多角形ツールは三角形や四角形、五角形……と辺の数を変えながら多角形を描くことができます。ツールバーから多角形ツールを選択し、ドラッグすると五角形が描けます。

## ② 辺の数の変え方

ドラッグの途中でキーボードの上下の矢印キーを押すことで辺の数を増減できます。同じくドラッグの途中で Shift キーを押しっぱなしにすると、図形の角度が正位置になります。

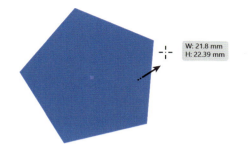

## ③ クリックからでも多角形を作れる

クリックでは半径と、辺の数を指定できます。

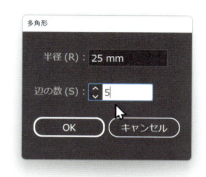

---

# スターツールの使い方

## ① スターツールの場所

スターツールは星を作成するためのツールです。スターツールでは頂点の数を変更できます。

## ② スライダーの上下で頂点の数を変更

スターツールを選択し、ドラッグして星形を描きます。このとき、ドラッグの途中で Shift キーを押しっぱなしにすると角度が正位置になります。頂点の数は、作成した図形を選択すると出てくるスライダーを上下に動かすことで、変更できます。

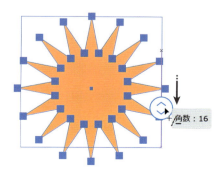

1 いろいろな図形を描きたい〜図形用ツールの種類を学ぼう

## ③ ギザギザの大きさは内側の白丸から

星のギザギザの大きさは図形角のどこかにある、内側の白丸で変更できます。なお、スターツールにした状態で画面クリックをすると、頂点の数とギザギザの大きさを数値で指定できます。

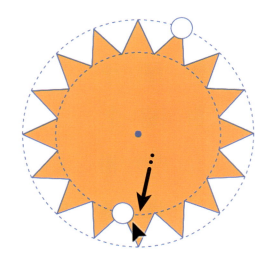

## ④ たとえばこんな使い道

スターツールはたとえば、セールなどでよく見かけるバクダンといわれるあしらいを作成できます。

---

📖 **用語解説**

デザイン要素＝オブジェクト

これまで文字や四角形、丸や星などいろいろなものがでてきましたが、その他画像なども含めたデザインの要素をIllustratorではオブジェクトと呼びます。オブジェクトは、物や物体といった意味ですが、数学の問題やコンピューターのプログラム内のデータ構造などにも、オブジェクトという言葉は使われます。これ以降、オブジェクトという言葉を使っていきますが、本書ではデザインの要素のことだと思ってください。

## Level 2 - 2

# 重なる順番を変更したい
## ～メインは「最前面」「最背面」の2つ

初心者の方から「作業中に〇〇が消えてしまった。なぜでしょうか？」という質問をよく受けます。Delete キーで消していないなら、ひょっとするとそれはオブジェクトの重ねる順番が関係しているかもしれません。Illustratorのオブジェクトには前後関係があります。大きい図形などが一番前に来ると、その後ろに並んでいるものは隠れて見えなくなってしまいます。それで、消えてしまったように感じていることがあります。こういった場合は、正しい順番に重ね順を直してやる必要があります。

## 重ね順を変更する

 **選択ツールでオブジェクトを選ぶ**

オブジェクトの重ね順を変更するには、まず選択ツールでオブジェクトを選びます。

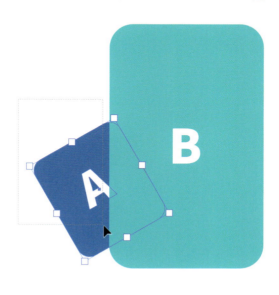

## ② オブジェクト>重ね順をクリック

上部メニューからオブジェクト>重ね順をクリックします。そこで開いた以下の4つが重ね順を変更する項目です。

最前面へ：選択したオブジェクトを重ね順の一番上（最前面）に移動します
前面へ　：今の位置から1つ上（前面）に移動します
背面へ　：今ある位置から1つ下（背面）に移動します
最背面へ：一番下（最背面）へ移動します

## ③ 重ね順の変更を適用する

このいずれかの操作で、オブジェクトの前後関係を調整することができます。

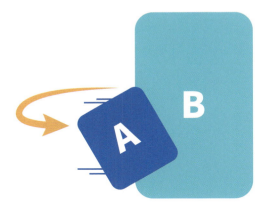

## 複雑な重ね順はどうやって覚える？

### ① 重ね順を覚える必要はない

オブジェクトが1つや2つの時は、頭の中でも前後関係を十分覚えていられますが、作業中でオブジェクトが増えてくるとそれらの重なり方を把握するのが難しくなっていきます。そんな中でどうやって前後関係を把握するのか？　というと、結論からいえばすべての重ね順を把握する必要はありません。重ね順をコントロールするのにメインで使うのが、最前面と最背面だからです。

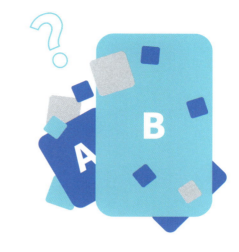

### ② 便利な最前面、再背面

たとえば図のように複雑に重なっている場合でもBのオブジェクトを「最背面へ」移動させると、そのほかたくさんのオブジェクトがどのような重ね順になっていたとしても、Bのオブジェクトは問答無用でそれらの一番後ろに移動します。

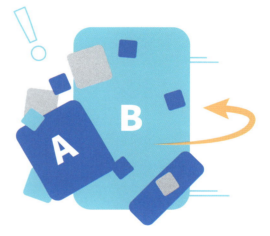

### ③ 動かしたいものをまとめて選ぶ

複数のオブジェクトの重ね順をまとめて変えたい場合も同じ要領です。動かしたいオブジェクトを全部選んでまとめて最背面、最前面へと移動させれば、狙い通りの前後関係になります。重ね順を気にしながら1つ上／1つ下にしか移動しない「前面へ」「背面へ」で動かすよりも、最背面、最前面を使ってダイナミックに動かしましょう。

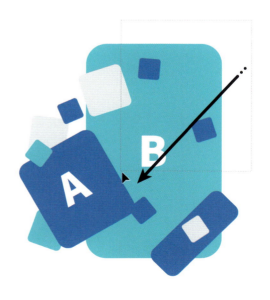

## Level 2
## 3 レイヤーの順番を変更したい

レイヤーも重なる

実は、重なるのはオブジェクトだけではありません。Illustratorではレイヤーも重なります。レイヤーは作成したオブジェクトが必ず入る場所で、例えるなら透明なクリアファイルみたいな物です。複数あって雑然としやすいオブジェクトをクリアファイルで整理するように使います。

## レイヤーの基本

### ① レイヤーの使い道

レイヤーを分けることで、特定のオブジェクトを必ず上側に表示させたり、背景を別レイヤーに分けてロックするなどの操作が可能になります。Illustratorを立ち上げたばかりの時は、レイヤーは1つしかありません。新規レイヤーを作成すると重ねて表示することができるようになります。

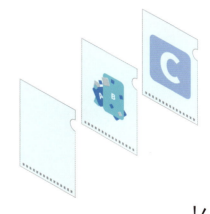

### ② レイヤーパネルを出す

レイヤーの操作は、ウィンドウ>レイヤーから出せるレイヤーパネルから行います。

### ③ 新規レイヤーを作成する

パネル下側にある＋のアイコン「新規レイヤーを作成」ボタンをクリックすると、新しいレイヤーが作成されます。ここではレイヤー2が新規作成されました。レイヤー名をダブルクリックすると、名前が変更できます。

### ④ レイヤーの順番を変更する

レイヤーの重なる順番はレイヤーパネルの順番とリンクしていて、上にあるレイヤーが、操作画面でも上に表示されます。この順番はドラッグ＆ドロップで変更できます。

### ⑤ レイヤーを非表示にする／ロックする

レイヤー名の左にある「目」のアイコンをクリックすると、そのレイヤーの表示／非表示を切り替えることができます。特定のレイヤーだけを表示して作業したいときに便利です。また、その隣にある「鍵」アイコンをクリックすると、そのレイヤーをロック／解除できます。ロックしたレイヤーのオブジェクトは動かせなくなるので、動かしたくない物がある時はロックすると便利です（レイヤーの重ね順は、ロックしていても動きます）。削除したいレイヤーがある場合は、パネル右下のごみ箱のアイコンで削除ができます。

## 特定のオブジェクトを、他レイヤーに移動する

### ① オブジェクトを選択する

ここではレイヤー1にある、「Cという四角形」をレイヤー2に移動するとします。動かしたいオブジェクトを選択します。

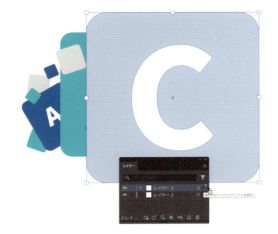

### ② レイヤーパネルの四角をドラッグ&ドロップする

レイヤーパネル右側にある四角をドラッグ&ドロップで指定したレイヤーに移動できます。

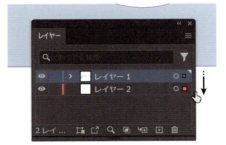

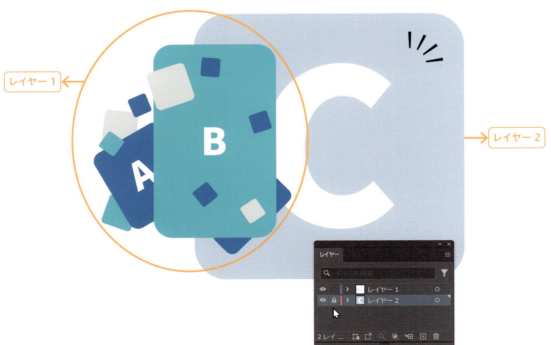

Level 2

# 4 オブジェクトの色を変更したい

Illustratorではいろいろな場所から色の作成・変更ができますが、ここではデザイナーがよく利用する、カラーパネルを使った色の作成・変更方法について詳しく解説していきます。

## カラーパネルの基本

### ① カラーパネルを表示する

カラーパネルは、ウィンドウのカラーから開きます。

### ② 適当なオブジェクトをクリックする

選択ツールでオブジェクトを選択すると、カラーパネルでそのオブジェクトの塗りの色や線の色を確認したり、変更したりできます。

4 オブジェクトの色を変更したい 73

📖 用語解説

塗り

線

なし

Illustratorで色をつけられる箇所はパスの内側と境界線の2箇所です。パスの内側を「塗り」、境界線を「線」と呼びます。塗りと線はカラーパネルやツールバーでも確認でき、図のようなアイコンで表示されます。塗りと線は一括に色を設定することはできず、別々に色設定していきます。塗り、または線の部分をクリックするとクリックした方が手前に表示され色を変更できます。

## カラーパネルの使い方

### ① 自由に色を作りたい

カラーパネル右上のメニューから、色の作り方が選べます。作り方としてはHSB、RGB、CMYKなどがあります。紛らわしいので補足ですが、ここから選べるのは作成中のファイルのカラーモードではなく、あくまで色の作り方です。
HSB（色相＝ヒュー、彩度＝サーチャレーション、明度＝ブライトネス）はスライダーを使って色や彩度、明るさを設定していきます。初心者でも分かりやすい色の変更方法なのでおすすめです。下側のカラフルなバーをクリックしても色を選ぶことも可能です。
RGB、CMYKは、それぞれの数値を指定して色を作成します。

### ② 塗りと線の色を入れ替えたい

「塗りと線の入れ替え」を選ぶと、塗りと線の色を入れ替えることができます。

③ **色を設定したくない場合**

色をつけたくない場合は、色なしを選択します。白地に赤い斜めの線が入ったアイコンです。クリックすると色がなしになります。

## 作成した色の保存はスウォッチパネル

① **スウォッチパネルを表示する**

作成した色を保存しておきたい場合は、スウォッチパネルというものに保存できます。スウォッチパネルは、ウィンドウ>スウォッチをクリックすると開きます。

② **作成した色をドラッグ&ドロップ**

スウォッチパネルには、選択中のオブジェクトの「塗り」と「線」が上部に表示されています。自分で作成した色が塗りにある場合は、塗りの四角の部分をドラッグして、色が並んでいる部分にドラッグ&ドロップします。

③ **青い線が出たら離す**

ドラッグしている最中に青い線が表示されるので、そこで指を離せば登録されます。

④ **登録した色をクリックすれば使える**

登録した色をクリックすると、その色が選択中のオブジェクトに適用されます。

## 「塗り」と「線」の注意点

① **閉じていないパスに塗りを適用すると？**

オープンパス（隙間があり、閉じていない状態のパス）でも塗りを設定することはできますが、最初のアンカーポイントと最後のアンカーポイントが結ばれるだけとなり、パスが閉じていない部分はコントロールすることができません。塗りを使う場合は、クローズパス（隙間が無く閉じた状態のパス）にするようにしましょう。

オープンパスに塗りを設定した時

② **ファイルをまたいで色が登録されるわけではない**

スウォッチパネルに色を登録しても、その登録は今開いているファイル内のみでしか有効になりません。新規にファイル作成をした場合などは使えないことには注意が必要です。

## Level 2
## 5 思い通りにコピペしたい
～コピーに関するショートカット

Illustratorのコピー&ペースト、いわゆるコピペはよく使う操作の1つですが、独特の操作感のため少し慣れが必要です。

### 一般的なコピー&ペーストの場合

 **中心に貼り付けられる**

一般的によく使われている [Ctrl]([Command]) + [C] でコピー、[Ctrl]([Command]) + [V] で貼り付けをすると、画面の中心に貼り付けられます。これは慣れていないと思っていた位置と違う場所に貼り付けられるような違和感があるかもしれません。Illustratorにはコピーした後の貼り付け方にいくつかバリエーションがあり、それを覚えると違和感なく操作できます。思い通りの場所に複製するには、以下の方法がおすすめです。

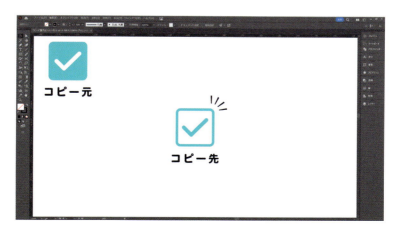

## 選択ツールでコピーする

**① `Alt`(`Option`)を押しながら、選択する**

「`Alt`(`Option`)を押しながら選択ツールで移動」でコピーができます。選択ツールでオブジェクトを選んだあと`Alt`(`Option`)を押しつづけるとカーソルが2つに変わります。これがコピーできる状態です。

**② ドラッグ＆ドロップでコピーする**

その状態でオブジェクトをドラッグ＆ドロップするとコピーができます。`Alt`(`Option`)を先に離すとただの移動になってしまうので、指を離す順番に注意が必要です。コピーの中でもよく使われるのが選択ツールでのコピーです。ぜひ覚えておいてください！

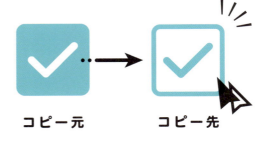

## 前面へペーストする

**① 同じ位置にもコピーできる**

別のやり方として、`Ctrl`(`Command`)＋`C`でコピーをした後、`Ctrl`(`Command`)＋`F`で貼り付けると、コピー元と同じ位置の前面に複製できます。直感的に操作しやすい貼り付け方法です。ぴったりと同じ位置に貼り付けるので見た目上変化がないのですが、オブジェクトを動かすとしっかりコピーされています。ついでに、`Ctrl`(`Command`)＋`B`で背面に複製もできます。

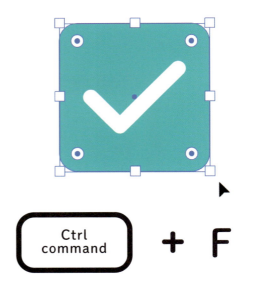

Level 2

# 6 幾何学模様を作ってみよう

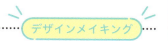
デザインメイキング

今までやったこと＋αで幾何学模様を作ってみましょう。使う機能は長方形ツール、コーナーウィジェット、前面へコピペなどです。一見複雑そうな柄に見えますが、1つ1つは簡単でそれがたくさん集まって柄になっています。自分好みのタイルを並べていくように作成してみてください。

## 一緒に操作してみよう

### ① 色をメモする

まず準備として、長方形ツールで正方形を3つ作り、それぞれ今回使う色にしてメモ書きとして脇に置いておきます。色はこの3色です。
#1C2952
#D25178
#E5B6AF
この文字列はカラーコードといい、カラーパネルに入力すると同じ色になります。

#1C2952

#D25178

#E5B6AF

### ② 正方形を作成する

それではあらためて、長方形ツールで正方形を1つ作ります。Shiftを押しながらドラッグで正方形が描けます。色は#E5B6AFを使っています。

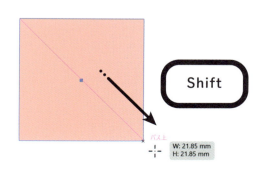
Shift

6 幾何学模様を作ってみよう 79

③ **前面へコピーで重ねる**

正方形をコピーして、前面へペーストします。やり方は正方形を選んだ後、ショートカット Ctrl（Command）＋C と押す→Ctrl（Command）＋F を押す、です。コピー元と同じ位置にペーストされるので、ぴったりと重なります。

④ **スポイトツールに切り替える**

上に重なった正方形をクリックした後、スポイトツールを使用します。ツールバーからスポイトツールを選びます。

⑤ **正方形の色を変える**

最初にメモとして準備した正方形のうち、＃E5B6AF以外の好みの色をクリックすると、上に重なった正方形がそれと同じ色に変わります。スポイトツールはこのように、配置したオブジェクトの色をほかのオブジェクトで使用したい時に使います。
これで、幾何学模様のベースができました。ここからは、このベースを複製・アレンジしていきいろいろな種類を作っていきます。

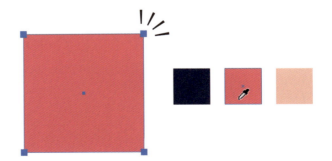

デザインメイキング

## ⑥ 1/4の円形を作る

先ほどのベースを全選択し、複製します。次に、ダイレクト選択ツールで複製した正方形のいずれかの角を選択した後、内側の白い丸（コーナーウィジェット）を1つクリック。ドラッグで角を丸くすると、色が違う1/4の円形ができます。

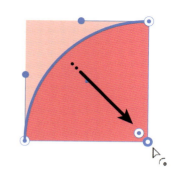

## ⑦ 隣り合わせに並べる

この円形を隣り合わせに並べると、半円や全円になります。

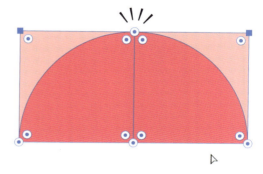

## ⑧ 三角形を作る

正方形を三角形に変えるために、アンカーポイントの削除ツールを使いましょう。ペンツールを長押しで出てきます。
上にかさなった正方形をクリックした後、アンカーポイントの削除ツールでアンカーポイントを1点削除します。これで三角形ができます。

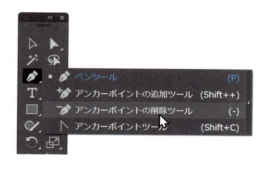

## ⑨ 隣り合わせに並べる

この三角形を隣り合わせに並べると、大きな三角形や斜めのラインになります。

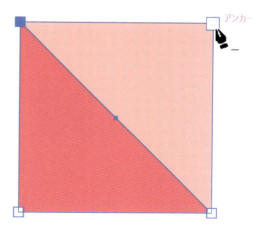

6　幾何学模様を作ってみよう　　81

⑩ Alt （Option）＋選択ツールで移動コピー

今作ったいろんな模様を、選択ツールで Alt （Option）を押しながら移動コピーします。色や向きを変えたいときも、コピーした後にやるほうが簡単です。

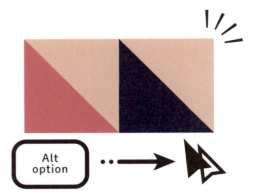

⑪ 自由に並べる

横に6つ縦に6つ自由に並べたら、幾何学模様の完成です。

完成

## Level 2
## 7 簡単に別の色に変更したい

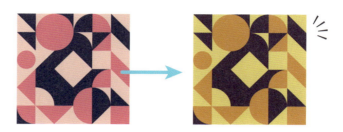

一度配色した後に別の配色に変更するのは容易ではありません。特に幾何学模様のようにたくさんの図形が並んだ状態で、一つずつ色を変更していくと日が暮れてしまいます。そんな時に簡単に別の配色を試せるのが「再配色」です。2通りのやり方を紹介します。

### 「オブジェクトを再配色」の使い方

**① オブジェクトを選ぶ**

配色を変更したいオブジェクトを選択ツールですべて選びます。ドラッグして選ぶと簡単です。

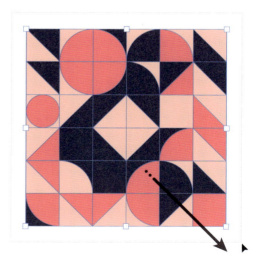

7 簡単に別の色に変更したい

② **オブジェクトを再配色**

編集＞カラーを編集＞オブジェクトを再配色
を選択します。再配色のパネルが開きます。

③ **再配色のパネルが開く**

「すべてのカラー」の中に表示されている3
つの丸が現在使用中の色で、この丸を「ハン
ドル」といいます。

## ④ ハンドルから再配色をする

ほかの2つと比べて少し大きいハンドルをドラッグすると色が変更できます。このやり方では、配色のバランスを維持したまま色を変更できます。

## ⑤ 配色のバランスを変更する

現在の配色バランスを維持せず個別で色を変えたい場合は、右側にある鎖のマークをクリックします。リンクが解除されると、ハンドルを連動させずに動かすことができます。

## ⑥ 全体の明るさや彩度を変更する

配色全体の明るさや彩度を変更したい場合は、再配色パネル一番下のスライダーを左右に動かします。左が明度、右が彩度になります。

## ⑦ より細かく色を設定する

ハンドルをダブルクリックするとカラーピッカーが開き、より細かく色を設定できます。

## 「生成再配色」の使い方

### 1 生成再配色を選ぶ

生成再配色は、入力した言葉のイメージに合わせてAIが配色を考える新しい配色方法です。配色を変更したいオブジェクトを選択ツールですべて選んだあと、画面上側のメニューから編集＞カラーを編集＞生成再配色を選択します。

### 2 生成再配色パネルが表示される

生成再配色パネルが出てきます。

## ③ プロンプトを入力する

プロンプトという欄に配色イメージやキーワードを入力します。たとえば「ビビッドでダイナミックな配色」や「チョコミント」などです。

ビビッドでダイナミックな配色　　チョコミント

## ④ バリエーションから選ぶ

配色が生成されるとバリエーションに表示されるので、気に入ったものをクリックします。

## ⑤ 特定の色を指定する

キーワード入力に加えて、バリエーションをある程度制限するためにカラーの欄からイメージカラーを指定することができます。ただ、完全に同じ色にはならないので注意が必要です。使っていると思い通りにならないこともありますが、そんな意外性も受け入れるつもりで試してみるのがおすすめです。「この配色は惜しいな……」「もう少し○○ならいいのにな」というようにイメージが固まってくるので、配色のアイディアをもらうような用途で使うと便利です。

7　簡単に別の色に変更したい　　87

## Level 2

# 8 もっと自由に図形を描きたい

長方形ツールや多角形ツールなどは決まった図形を描く場合に便利ですが、反面自由に描くことはできません。もっと自由に図形やイラストを描きたい場合は、塗りブラシツールを使うと便利です。

## 塗りブラシツールの使い方

### ① 塗りブラシツールの場所

塗りブラシツールはツールバーのブラシのアイコンを長押しすると出てきます。

### ② 画面をドラッグすると描画する

先に紹介したブラシツールとよく似ていて、画面をドラッグすると描画できますが、ブラシツールとは異なりできるのは線ではなく塗りの状態となります。

### ③ ブラシツールと塗りブラシツールの違い

普通のブラシツールと塗りブラシツールを比較してみましょう。普通のブラシツールで一本の線を描いた場合は、パスの境界線に色がついた「線」の状態です。対して、塗りブラシツールでは楕円のようなパスとなり、その内側に色がついた「塗り」の状態になるという違いがあります。「塗り」になるほうが他のお絵描きソフトと同じような感覚・使い方になるので、扱いやすく感じる人も多いはずです。さらに塗りブラシツールは同じ色で重ねて塗るとその部分のパスが合体するため、パスの操作に慣れていない人でも自由な図形を描くことができるはずです。

ブラシツール

塗りブラシツール

## 塗りブラシツールをカスタマイズする

### ① 「精度」をカスタマイズする

ツールバー上の塗りブラシツールをダブルクリックすると、ブラシの設定画面が表示されます。ここで特に設定したいのはパネル上部の精度です。

### ② 「精細」と「滑らか」の違い

精度を精細にすると手ブレなども含めて忠実に再現されるため、アナログ的なタッチになります。逆に、滑らかにすると手ブレを無視したきれいなパスが描けます。

精度：精細

精度：滑らか

8　もっと自由に図形を描きたい　89

**その他の設定**

その他の設定は、以下の通りです。

サイズ：ブラシの太さを設定します。数値を大きくすると太い線、小さくすると細い線が描けます
角度　：ブラシの角度を設定します。次の設定の真円率を設定した時の角度を設定します
真円率：ブラシの形状を設定します。数値が最大で正円となり、小さくするほどつぶれていき、最小で平らな形状になります

角度と真円率を設定することで、図のカリグラフィーのようなオブジェクトが描けるようになります。また、筆圧対応のペンタブレットがある場合は、今の項目を筆圧に応じて変化させることもできます。

Level 2

## 9 北欧風の模様

デザインメイキング

先ほどの塗りブラシツールを使って北欧風の模様を作ってみましょう。ここではデザインメイキングをやりながら、より具体的な使い方や作成のポイントを紹介します。

### 一緒に操作してみよう

#### ① 色をメモする

色はこの3色を使います。
#E0BF23
#F4E9DB
#1A274F

#1A274F

#F4E9DB

#E0BF23

#### ② 塗りブラシの精度を調整する

塗りブラシの精度はちょうど中間にします。なおブラシのサイズはショートカットで変更するのが簡単です。キーボードの[ ]キーでブラシサイズを小さく、[ ]キーでブラシサイズが大きくなります。

9 北欧風の模様 91

③ ざっくりした形を取る

まずバランスを取りやすくするため、ベージュで大きめの模様を描きます。そのうえに、他の色で図形を自由に足します。

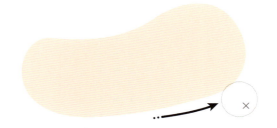

④ 要所に丸模様を足す

小さな丸の模様を要所に足します。丸模様は、ブラシサイズを小さくして少しずつ形を変えるようなイメージで作成します。一通り図形を書いた後、後から付け足すようにするといいでしょう。

⑤ 消しゴムツールに切り替える

白いラインは消しゴムツールを使うと簡単です。ツールバーの消しゴムのアイコンです。選択ツールでオブジェクトをクリックしてから消しゴムツールでドラッグすると、その部分が消えます。

⑥ 消しゴムツールでドラッグする

大きな模様を描いてから、白いラインを描くように消しゴムツールでドラッグしてみましょう。消しゴムのサイズ変更は塗りブラシツールと同じで、キーボードの[]と[]です。

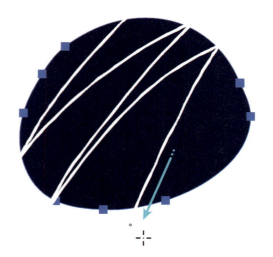

# Level 2 10 色をグラデーションにしたい！
## ～①基本のグラデーションを知る

この本では今まで塗りを単色で使ってきましたが、ここからグラデーションを使っていきます。グラデーションが使えるようになると、より多彩な表現ができるようになります。ではさっそく、基本の使い方と、設定方法を解説していきます。

## グラデーションパネルの基本

### ① オブジェクトを用意する

グラデーションはパスの塗りや線に設定することができます。ここでは長方形の塗りにグラデーションを設定していきます。

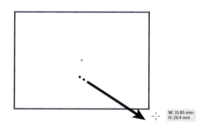

### ② グラデーションパネルを表示する

ウィンドウ＞グラデーションをクリックしてグラデーションパネルを開きます。これがグラデーションを設定するためのパネルです。

## ③ グラデーションの種類を選ぶ

グラデーションには3種類あります。線形グラデーション、円形グラデーション、フリーグラデーションの3つです。線形・円形グラデーションの設定方法や使い方は同じで、名前の通りグラデーションのかかり方が線形になるか円形になるかの違いです（フリーグラデーションは、次節で説明します）。ここでは基本のグラデーションということで、線形グラデーションを使っていきます。

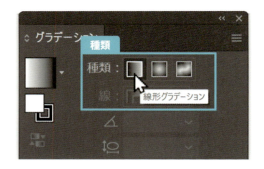

## ④ オブジェクトの「塗り」を選択する

グラデーションパネル上、「塗り」「線」のパネルで「塗り」が上になっていることを確認します。線は必要ないので「なし」に設定します。

## ⑤ オブジェクトにグラデーションを適用する

線形グラデーションをクリックするとグラデーションになります。

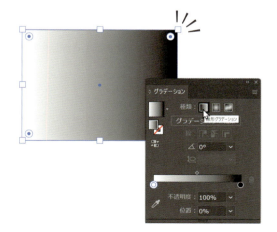

## いろんな色でグラデーションさせたい

### ① グラデーションスライダーを使う

グラデーションの編集はグラデーションスライダーから行えます。この丸いスライダーにはグラデーションで使われている色が表示されています。スライダーのどれかをダブルクリックすると、色を変更するパネルが別で出ます。

### ② スライダーを増やす

グラデーションの少し下あたりにカーソルを合わせると、カーソルに＋のマークがつきます。その状態でクリックするとスライダーを増やすことができます。

### ③ カラーピッカーを使う

ほか、カラーピッカーを使えば、どこでもクリックした箇所の色を抜き取って、グラデーションに反映することもできます。以上の操作を使って、実際にカラフルなグラデーションを調整してみましょう。

### ④ 色を設定する

左から順番に、次の3色をグラデーションスライダーに設定します。
#227FAB
#74C6BE
#AACF52

#227FAB　　#74C6BE　　#AACF52

## ⑤ オブジェクトに反映する

適当な図形を作って、線形グラデーションを適用します。

## ⑥ グラデーションの位置を決める

グラデーションスライダーを左右にドラッグして色が変化する位置を調整します。なおパネル下部の「位置」の項目からは、数値でスライダーの位置を指定することができます。ちょうど真ん中で色を変化させたい場合は50%を選びます。

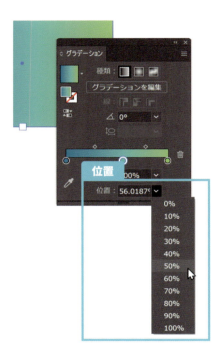

## ⑦ グラデーションの角度を決める

角度からはグラデーションの角度が設定できます。たとえば上から下にグラデーションをかけたい場合は90°に設定します。

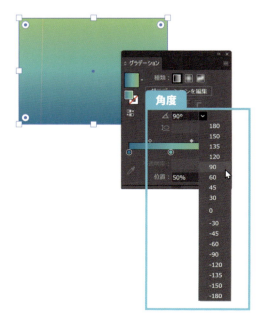

⑧ **向きを変えたいときはボタン一発**

グラデーションのかかり方を反対にしたい時は、反転グラデーションのアイコンをクリックします。これでグラデーションの向きを逆にすることができます。

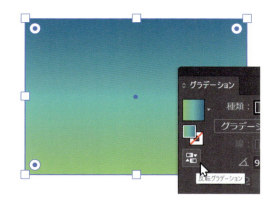

## グラデーションツールで作成する方法

① **ツールを使えばより直感的に**

グラデーションパネルの他、ツールバーのグラデーションツールからもグラデーションを設定できます。グラデーションツールではマウスでドラッグして、グラデーションの位置や角度を決めることができるため、直感的に操作ができます。

② **グラデーションツールとグラデーションパネルの使い分け**

グラデーションパネルは、数値を指定してグラデーションを設定するので正確なグラデーションを作ることができます。ただし、数値の指定だけではイメージしにくい場合があります。対してグラデーションツールはマウスドラッグで操作するため、完成形をイメージしやすく感覚的に作成できます。ただし、正確な角度や位置を指定するのにはあまり向いていません。
このように、グラデーションパネルとグラデーションツールは、それぞれの特性に応じて使い分けることができます。どちらを使うかは、作業内容や目的に応じて選ぶといいでしょう。

## Level 2

## 11 色をグラデーションにしたい！
～②自由に色を混ぜ合わせる

フリーグラデーションは、円形グラデーションや線形グラデーションと操作がやや異なり、自由な位置に自由な色を配置することで不規則なグラデーションの作成ができます。ここでは角を丸くした長方形の塗りにグラデーションを設定していきます。

### フリーグラデーションの基本

**① 角を丸くした長方形を用意する**

コーナーウィジェットを使って角を丸くした長方形を作り、それを選択します。

**② 「フリーグラデーション」を選択する**

長方形を選択した後、グラデーションパネルから「フリーグラデーション」を選択します。今回も、線は「なし」です。適用されたグラデーションの設定方法は、「ポイント」と「ライン」の2種類あります。まずは「ポイント」からやってみましょう。

## ③ 「ポイント」を設定する

フリーグラデーションには色を設定する丸い点があります。この点を「ポイント」といい、ポイントの色と位置でグラデーションが作成されます。ポイントはドラッグで自由な位置に移動できます。グラデーションにしたい色の設定は、ポイントのダブルクリックやカラーピッカー、カラーパネルなどから選ぶことが可能です。

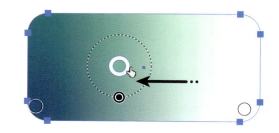

## ④ ポイントを追加する

新しいポイントを追加する時は、長方形の何もない部分をクリックします。するとその場所に新しいポイントが追加され、別の色を設定することができます。もし作り過ぎてしまった場合は、キーボードの Delete キーで削除できます。

## ⑤ フリーグラデーションの完成例

この例では、線形グラデーションで使った色の他に以下の2色を追加しています。
#8673a4
#efed72

## ⑥ 「ライン」を設定する

「ポイント」ではなく「ライン」でフリーグラデーションを作成した場合は、新しいポイントを追加するごとにポイントとポイントが線で結ばれ、その線から放射状にグラデーションがかかります。

## Level 2
## 12 図形を合体させたい
## ～シェイプ形成ツールを使った家のアイコン

これまでのLevel2では図形に関することを紹介してきましたが「図形の合体」がLevel2最後となります。長方形ツールや多角形ツールなどでは簡単な図形を作成できましたが、それらを合体したり、分割したり、不要な部分を削除していくと、簡単なアイコンやイラストを作成することができます。ここでは例として家のアイコンを作ります。マスターしてLevel3にステップアップしていきましょう。

### 一緒に操作してみよう

 **シェイプ形成ツールの使い方**

シェイプ形成ツールは図形の合体・削除・分割の3つの操作ができます。家のアイコンを作りながら確認していきましょう。

② **長方形を用意する**

長方形ツールでドラッグして四角を作成します。

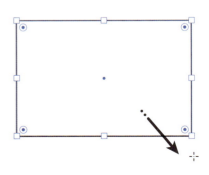

## ③ 三角形を用意する

多角形ツールで三角形を作成します。ドラッグしている最中にキーボードの下矢印キーを押して三角形にします。三角形になったら、Shiftキーを押して角度を正位置にします。

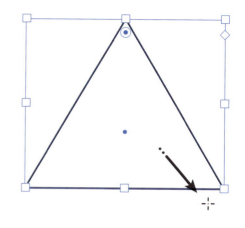

## ④ 長方形と三角形をくっつける

スマートガイド（ピンク色の線）が表示されているのを確認しながら、三角形を四角形の上にぴったりと合わせます。

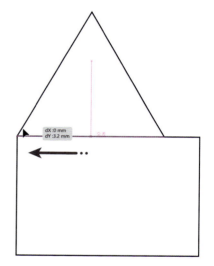

## ⑤ 重ねた辺の長さを合わせる

形を整えます。

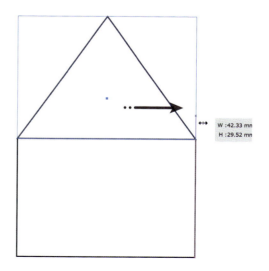

## 6 四角形と三角形を選択する

四角形と三角形を一緒に選択します。

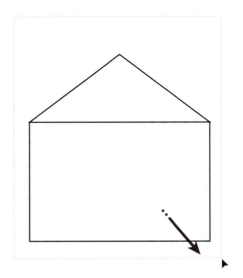

## 7 シェイプ形成ツールでドラッグ

シェイプ形成ツールで、合体させたい部分をドラッグします。

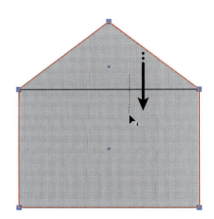

## 8 なぞった部分が一つになる

なぞった部分が合体し1つのオブジェクトになります。

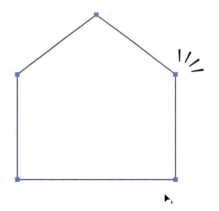

## ⑨ 家の扉用の長方形を作る

角を丸くした長方形を作り、今作ったオブジェクトに重ねます。中心が合うようにスマートガイドを確認しながら移動させます。

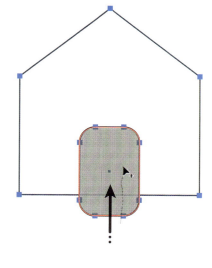

## ⑩ シェイプ形成ツールでいらない部分を削除

すべて選択してからシェイプ形成ツールを選択。Alt（Option）を押しながら削除したい部分をクリックまたはドラッグするとその部分が削除されます。

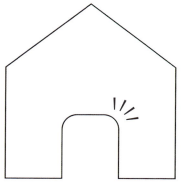

## ⑪ 背景の正円を作る

楕円形ツールでShiftキーを押しながらドラッグして正円を描きます。

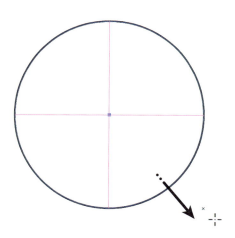

### ⑫ ペンツールで斜めに直線を描く

ペンツールで斜めに直線を描きます。これもスマートガイドで中心を合わせるように移動しましょう。

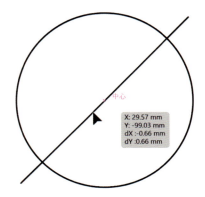

### ⑬ シェイプ形成ツールで下側をクリック

丸と線を選択ツールで一緒に選択した後、シェイプ形成ツールに切り替え、丸の下側をクリックします。

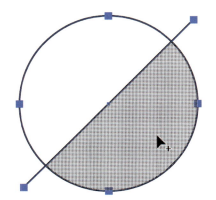

### ⑭ オブジェクトが分割される

見た目に変化はありませんが、動かしてみると重なった部分が分割されてバラバラになっています。

### ⑮ 塗りを設定する

家や分割した丸に塗りの色を設定すると、最初の家のアイコンが完成です。

# Level

図形を組み合わせると
イラストになる

Level 3

# 1 簡単なイラストを作成しよう

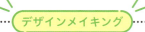

ではシェイプ形成ツールで様々な図形を合体させて、簡単なイラストをもっとたくさん作ってみたいと思います。最終的には上図のイラストが完成します。今までまだ紹介していない操作も出てきますので1つずつチャレンジしていってみてください。

## 一緒に操作してみよう：吹き出しを作る

### ① 長方形を作成する

長方形ツールで長方形を作成します。好みの大きさでかまいません。

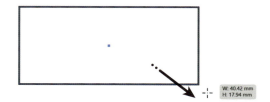

### ② 三角形を作成する

続いてペンツールで、「しっぽ」といわれる吹き出しの三角形の部分を描きます。

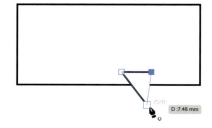

### ③ 合体させる

大きさや位置を整えたら、シェイプ形成ツールでドラッグして合体させます。

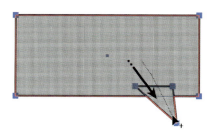

④ 応用：長方形の角を丸くする

ちなみに今回は使いませんが、長方形の角を丸くすると、丸型の吹き出しにもなります。

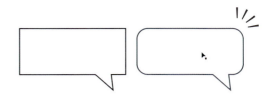

## 一緒に操作してみよう：雲のイラストを作る

① 正円を作成する

楕円形ツールで正円を描きます。ドラッグする時は Shift キーを押してください。

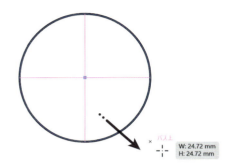

② 長方形を作成する

次に長方形ツールで長方形を描きます。高さを丸より少しだけ小さくしておくと、バランスがよくなります。

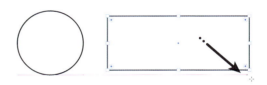

③ 長方形の角を丸くする

選択ツールで長方形の角を限界まで丸くします。

④ 中心で重ねる

丸と長方形の中心を重ねます。スマートガイドを確認しながら、丸が半分だけ重なるように移動させましょう。

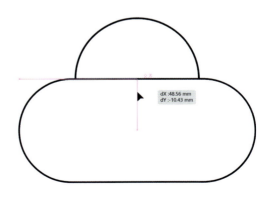

1 簡単なイラストを作成しよう 107

## ⑤ シェイプツールで合体させる

シェイプ形成ツールで合体させたら、雲のイラストの完成です。

## 一緒に操作してみよう：ハートのイラスト

### ① 正方形を描く

長方形ツールで Shift キーを押しながら、正方形になるようにドラッグします。

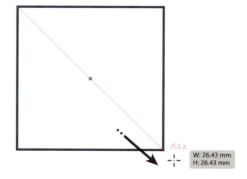

### ② アンカーポイントを削除する

ペンツールを長押しして出てくるアンカーポイント削除ツールで、右下のアンカーポイントを削除します。これで三角形になりました。

### ③ アンカーポイント削除ツールがない場合

このツールが見つからない場合は、ツールバーの設定が「基本」になっているかもしれません。ウィンドウ＞ツールバー＞詳細から、画面のように「詳細」に変更しましょう。

## ④ 正円を描く

次に楕円形ツールで正円を描きます。こちらもドラッグする時は Shift キーを押してください。

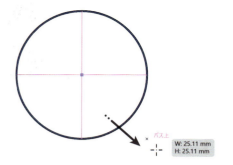

## ⑤ アンカーポイントを削除する

アンカーポイント削除ツールを使って、一番下のアンカーポイントを削除します。

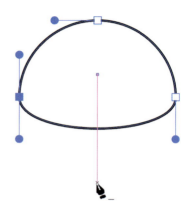

## ⑥ ハンドルも削除しておく

ペンツール長押しで出てくるアンカーポイントツールで、下2つのハンドルをそれぞれクリックし、ハンドルを消します。これで半円になりました。

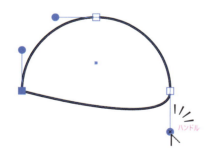
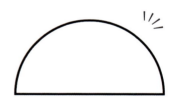

## ⑦ 半円と三角形の角を合わせる

半円と三角形の大きさを拡大縮小して合わせ、ぴったりとくっつけます。大きさを合わせる時も Shift キーを押すのを忘れないようにしましょう。

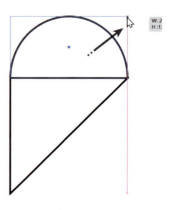

## ⑧ 45度回転する

45度回転させます。選択ツールで半円と三角形を一緒に選択して、Shift キーを押しながら回転させます。先に Shift キーを離すと45度の回転ではなくなります。マウスを離してから Shift キーを離すようにしましょう。
ここまでで、ハートの半分の形ができました。

## ⑨ 移動コピーする

選択ツールで Alt (Option) を押しながら移動させコピーします。

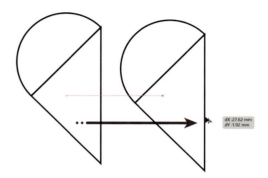

## ⑩ 片方を反転する

反転は、プロパティパネルのボタンから行えます。反転させたら、元の図形と中心を合わせて並べます。

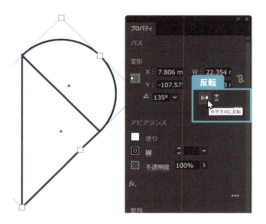

## ⑪ シェイプ形成ツールで合体させる

全部選んでシェイプ形成ツールで合体させたら、ハートの完成です。

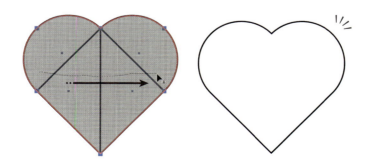

デザインメイキング

## 一緒に操作してみよう：立体感をつけてイラストを完成させる

### ① 影をつける

立体感をつける時は、オブジェクトを選択してから効果＞スタイライズ＞ドロップシャドウを選択します。この機能で影をつけることができます。

### ② ドロップシャドウを設定する

デフォルトで設定されている影はやや濃い印象があるので、ぼかしや不透明度を変更して自然な印象に仕上げていきます。作成したサイズによって適切な設定は変わりますが、私の設定はこちらです。参考までにどうぞ。これで影が付きました。

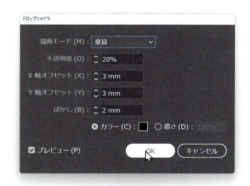

### ③ 他のイラストに影をコピーする

他のイラストにも同様にドロップシャドウをつけていきます。こういった時に、簡単に設定をコピーできる機能がスポイトツールです。影がついていないイラストをクリックした後、影がついたイラストをスポイトツールでクリックします。すると影がついてないイラストのほうに、影をコピーすることができます。

1　簡単なイラストを作成しよう　　111

④ 補足：影がコピーされないときは

もし影がコピーされない場合は、スポイトツールをダブルクリックすると開くスポイトツールオプションから、アピアランスという欄にチェックを入れてください。後で詳しく解説しますが、ドロップシャドウはアピアランスという機能の1つです。

⑤ イラストを並べて完成

このようにして他のイラストにもドロップシャドウをつけ、できあがったイラストを並べていきましょう。前回のパートで作った家のイラストも使っていきます。なお、線の色はなしにしています。半円や楕円を並べると、より世界観が出せます。

📖 **用語解説**

ぼかしは影の形をはっきり表示させるかを決める設定です。少なくすると影の形がはっきりわかるようになり、多くするとぼやけていきます。不透明度は半透明の濃さを表しています。100％だと影の色がそのまま反映されるようになり、少なくすると半透明、0％で完全に影が消えます。

## Level 3
## 2 もっと便利にイラストを作りたい：線を図形に変換する

これまで線は線塗りは塗りで進めてきましたが、線を塗りに変換したい場合もあります。たとえばいかにも線と図形を組み合わせて作りそうな、このコーヒーカップのロゴのような場合です。取っ手の部分などは線を図形に変換してから扱っていくと簡単に作成できます。ロゴを制作しながら、一緒にやってみましょう。

### ステップ①：カップの本体

**① 横長の長方形を用意する**

カップの本体は長方形ツールから作っていきます。塗りを黒にして少し横長の長方形を作成してみてください。この長方形を台形に変形させていきます。

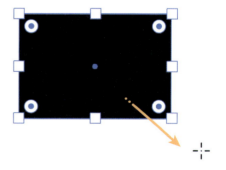

**② 自由変形ツールに切り替える**

台形に変形させる時は、ツールバーの自由変形ツールをクリックします。

## ③ 遠近変形をクリック

クリックするとさらにメニューが表示されるので、その中の遠近変形をクリックします。長方形に四隅に大きな丸が表示されます。

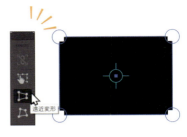

## ④ 下側の丸をドラッグ

下側の丸を中央に向かってドラッグすると、台形になります。

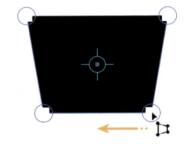

## ⑤ 下側のアンカーポイントを選択する

ダイレクト選択ツールで下側のアンカーポイントを両方とも選びます。

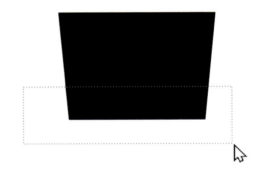

## ⑥ コーナーウィジェットをどちらも選択状態にする

Shift キーを押しながらコーナーウィジェットを2つクリックし、どちらも選択状態にします。

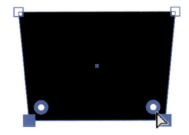

## ⑦ 中心へ向かってドラッグ

中心へ向かってドラッグして下側の角を丸くします。これでカップの本体ができました。

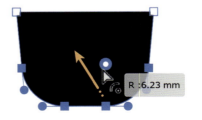

## ステップ②：受け皿を作る

### 1 長方形を用意する

受け皿も長方形ツールで作成します。カップの本体と同じくらいの幅にします。

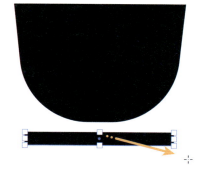

### 2 下側の角だけを丸くする

先ほどと同じ要領で、下側の角だけを丸くします。

## 「パスのアウトライン」で取っ手を作る

### 1 楕円形ツールでわっかを作る

取っ手は楕円形ツールで作成していきます。

### 2 線を太くする

色は塗りなし、線は黒にします。取っ手の太さをイメージしながら線の太さを太くしていきます。

2　もっと便利にイラストを作りたい：線を図形に変換する

③ 「アウトラインを作成」で図形に
変換する

さて、ここからが本番です。この線のアウトラインを作成します。上部メニューからオブジェクト＞パス＞パスのアウトラインをクリックします。

④ パスのアウトラインを適用する

適用すると、線の太さとして表示されている部分のアウトラインが作成され、穴があいた丸の「図形」になりました。色も塗りが黒で、線がなしに変換されています。

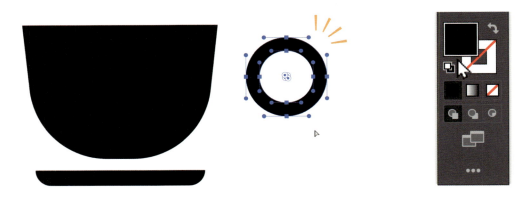

⑤ コーヒーカップに合体させる

こうすることで均一な太さの取っ手を作ることができますし、図形として扱えるので合体なども可能になります。

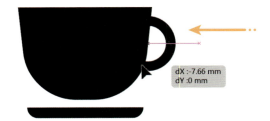

## ⑥ 全体を丸で囲う

外側に楕円形ツールで丸を作成し、囲みます。

## ⑦ お好みで文字を入力して完成

coffeeと入力して完成です（文字全般の使い方は、Level4で説明します）。ちなみにフォントはVox Round Boldを使っています。

---

📖 **用語解説**

アウトライン前

アウトライン後

「パスのアウトライン」という操作を行うことで、「線を図形に変換する」ことができます。こうすることにより、「線」の状態ではできなかった、ほかの図形と合体させるなどの操作ができるようになります。

## Level 3

# 3 図形をぱっぱと組み合わせたい！
# ワンクリックで効率的な合体

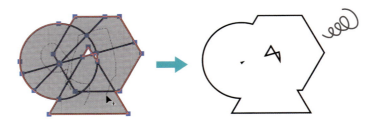

図形を合体する方法としてシェイプ形成ツールを紹介してきましたが、シェイプ形成ツールは直感的で扱いやすい反面、複雑に重なった図形の合体などではドラッグで選びそびれてしまうことがよくあります。そんな時は、「パスファインダー」を使うと便利です。

## パスファインダーの使い方

### ① パスファインダーの場所

ウィンドウ>パスファインダーから、パネルを表示することができます。

### ② パスファインダーのパネルを表示する

パスファインダーもシェイプ形成ツールと同じで、合体や削除などができる機能です。

## ③ オブジェクトを選択する

合体させたいオブジェクトを選択します。

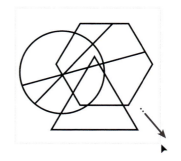

## ④ パネルのボタンを押す

パスファインダーのパネルから「合体」や「分割」などの各アイコンをクリックすると、それに応じた操作が行われます。シェイプ形成ツールと違い、パスファインダーの合体だと、複雑に重なった図形でも簡単に合体させることができます。

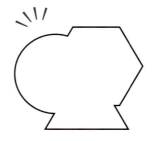

## パスファインダーの代表的な操作

### ① 合体

選択したオブジェクトを1つに合体させます。

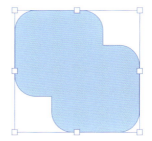

### ② 前面オブジェクトで型抜き

前面にあるオブジェクトで背面のオブジェクトを切り抜きます。

### ③ 交差

重なった部分だけが残ります。

④ **中マド**

重なった部分だけを削除します。

⑤ **分割**

重なったオブジェクトを分割します。オブジェクトを動かすと、バラバラになっているのが分かります。

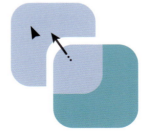

⑥ **刈り込み**

上に重なったオブジェクトで下のオブジェクトを分割します。

⑦ **合流**

背面にあるオブジェクトで前面のオブジェクトを切り抜きます。ただし同じ色がある場合は、同じ色同士を合体させます。

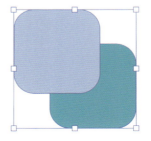

⑧ **合流の使い道**

合流は、文章にすると用途が少し分かりにくいのですが、たとえば幾何学模様の時のような、同じ色は同じ色だけで合体させたい場合に使うと便利です。
一度ですべてを覚えるのは難しいと感じる場合は、合体・分割の2つを押さえれば、たいていの場合はやりたい操作ができるのではないでしょうか。

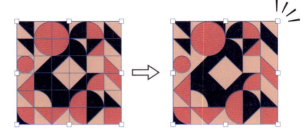

## もっと便利な合体

### ① 再編集可能な合体もある

パスファインダーの合体ではもっと便利な合体があります。それが複合シェイプという、再編集可能な合体です。通常の合体は一度合体すると簡単には元に戻せないため、もしまた再編集をするかもしれない場合はこの方法が便利です。

### ② 複合シェイプの使い方

[Alt]（[Option]）を押しながらパスファインダーの合体などをクリックすると、複合シェイプになります。

### ③ 通常の合体との違い

複合シェイプは合体の一歩手前で止まっているような状態です。

通常の合体　　　複合シェイプ

### ④ アンカーポイントの再編集が可能

見た目は合体していますが、ダイレクト選択ツールなどで重なった部分のアンカーポイントを再編集することが可能です。

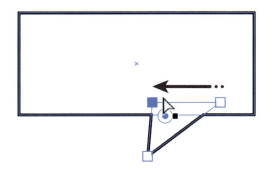

### ⑤ 「拡張」を選択すると完全に合体

再編集後、拡張をクリックすると完全に合体します。

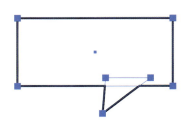

| Level 3

# 4 リボンのあしらい

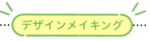

ここでは四角形を変形させてできるリボンの作り方を紹介します。長方形ツールの他に、アピアランスという効果を使っていきます。この変形の使い方はリボンに限りません。覚えると様々な表現ができるようになりますので、ぜひ一緒にやってみてください。

## 一緒に操作してみよう

### ① 長方形を作成

まずは長方形ツールで長方形を作成します。リボンらしく少し横長に作成してみてください。

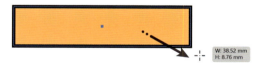

### ② 色をメモする

今回使う色はこちらです。この長方形は塗りを #F0B31C　線を #000000 にしています。

#F0B31C　　#966F00　　#000000

③ 線の位置を変更する

Illustratorの線が描画される位置は、パスを基準に外側・内側・中央の3つがあります。これは、線が図形の輪郭に対してどこに配置されるかを設定するものです。

外側：輪郭の外側に沿って線が描かれ、図形が大きく見える場合があります
内側：輪郭の内側に沿って線が描かれ、図形が小さく見える場合があります
中央：輪郭の中心に沿って線が内外均等に描かれます。デフォルトの設定です

④ 設定によっては

外側と中央を選んでリボンを作成した場合は、最終的に線がズレます。

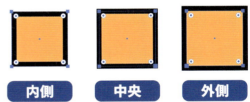

⑤ 今回は内側に

そのため内側を選んで作成していきます。線の太さは2ptです。

⑥ 長方形をコピーする

今の長方形からアレンジして、リボンの端を作成します。Alt（Option）を押しながら長方形を移動でコピーします。

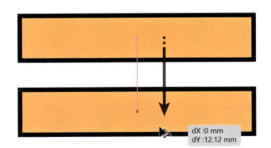

⑦ 左端にアンカーポイントを追加する

ツールバーのペンツールを長押しで出てくる、アンカーポイントの追加ツールで左側のパスをクリックすると、アンカーポイントが1つ追加されます。スマートガイドを頼りに長方形の中心と同じ高さに合わせてください。

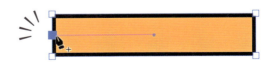

4　リボンのあしらい　123

⑧ **アンカーポイントを移動させ、リボンの端を作る**

ダイレクト選択ツールでアンカーポイントを移動し、リボンの端を表現します。

⑨ **リボンの端の大きさを整える**

右側のアンカーポイントも移動して大きさを整えます。これでリボンの端の完成です。

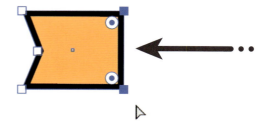

⑩ **リボンの折り返った部分を三角形で作成**

リボンの折り返った部分をペンツールで作成します。大きな長方形の左下のアンカーポイントから Shift +クリックで描き始め、リボンの端のアンカーポイントを通るように三角形を描いていきます。三角形の部分は影が落ちるため、塗りの色を濃くします。今回は#966f00です。

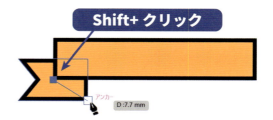

⑪ **水平方向に反転**

続いてリボンの端と、折り返った部分をコピーしてプロパティから反転させます。

⑫ **反対側も同じようにする**

反対側も、長方形の角に三角形の頂点が重なるように配置します。

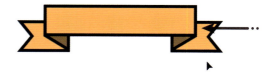

⑬ **重ね順を調整**

折り返った部分の重ね順を最背面に移動します。

## ⑭ グループ化

オブジェクト＞グループで全体をグループ化します。

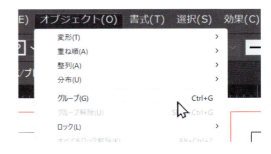

## ⑮ ベースのできあがり

これでリボンのベースができました。

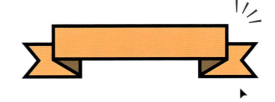

## ⑯ ワープで変形

このリボンを変形させていきます。
効果＞ワープ＞円弧

## ⑰ ワープオプションパネルから調整

ワープオプションというパネルが開きます。ここで変化の量や変化の形を変更することができます。カーブのスライダーを左右に動かすと長方形が上方向に反ったり、下方向に反ったりします。ここでは＋30％に設定しました。

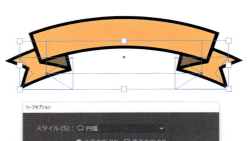

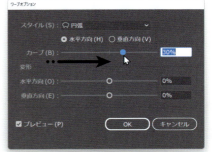

### ⑱ OKをクリックして完成

パネルの「OK」をクリックすると、変形したリボンの完成です。

## ほかにもいろいろあるワープオプション

### ① スタイルいろいろ

ワープオプションでは、スタイルから円弧以外の形に変えることもできます。

### ② リボンに合う形

リボンにおすすめのスタイルはコチラです。

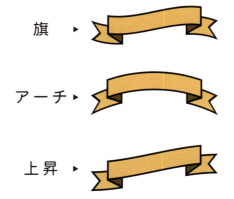

用語解説

途中でリボン全体をグループにしました。「グループ」とは複数のオブジェクトを1つにまとめる機能のことです。グループにすることで、ワンクリックで全体を選択できたり、オブジェクトのレイアウトを維持したり、全体で1つの効果がかけられたりします。グループにできるのは図形同士に限らず、線や文字など違う種類のものも1つのグループにできます。

126

Level 3

# 5 図形を花に変形させる

デザインメイキング

リボンを作った時のようにアピアランスを使って、図形を花に変形させることができます。とても簡単で面白い機能なので、ぜひ一緒にやってみてください。

## 一緒に操作してみよう

### ① 色をメモする

ここで使っている色はこちらです。

#284C7F　　#65B0D4　　#0C86B6　　#AFCFE6　　#EDE9A1

### ② 多角形ツールから六角形を作る

まずは長方形ツールを長押しで出てくる多角形ツールでドラッグして、六角形を作ります。この時も Shift キーを押すようにして、角度を正位置に持ってくるようにしましょう。

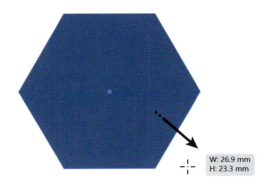

5 図形を花に変形させる　127

③ **効果＞パスの変形＞パンク・膨張を選ぶ**

この六角形に効果＞パスの変形＞パンク・膨張を適用します。

④ **70%膨張させる**

スライダーを左右に動かすと、膨張と収縮を設定できます。スライダーを右に動かしていくと六角形の各辺が膨張していき、花のような形になります。70%でOKを押します。

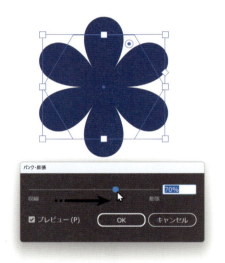

⑤ **中心に丸を描いて花の完成**

中心に楕円形ツールで丸を描くと、花の完成です。

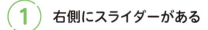

## 応用：花びらの数を変更させる

① **右側にスライダーがある**

多角形ツールの辺の数を変えると花びらの数も変更されます。効果をかけた六角形を選択ツールでクリックすると、右側にスライダーが表示されます。

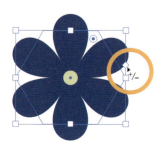

### ② 上下に動かすと花びらが増えたり減ったりする

このスライダーを上下に動かすと、辺の数が変わる、つまり花びらの数が変わります。

## 応用：キラキラを作る

### ① 楕円形ツールで丸を描く

パンク・膨張からはキラキラも作れます。まず楕円形ツールで丸を描きます。

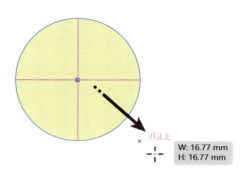

### ② パンク・膨張を適用

同じ＜効果＞パスの変形＞パンク・膨張を選び、－60％でOKを押します。

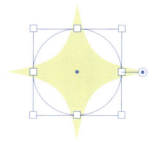

### ③ 複製して花と一緒に配置

できたキラキラを花と一緒に配置していくと、花柄が作れます。

## Level 3
## 6 オブジェクトをパターンとして登録したい

Illustratorでは継ぎ目のない綺麗な柄を作ることができます。ここでは例として先ほどの花を使い、花柄を作っていきます。

### 柄を作る下準備

 **柄にしたいオブジェクトを用意する**

今回は先ほどの花を使います。

② **スウォッチパネルを開く**

ウィンドウ>スウォッチを選び、スウォッチパネルを開きます。

## ③ オブジェクトをスウォッチパネルに入れる

オブジェクトをすべて選び、スウォッチパネルにドラッグ&ドロップします。

## ④ 青い線が目印

縦に青い線が表示されている箇所が、柄の作成される箇所です。指を離すとスウォッチパネルに柄が登録されます。

## ⑤ 塗りにして確認する

この状態はまだ柄が登録されただけの状態です。どんな柄になったかを確認するには、四角形などの塗りに、柄を設定する必要があります。四角形を作成し、その塗りに今登録された柄を選ぶと、柄が確認できます。Illustratorではこういった柄のことを「パターン」と呼びます。

## パターンの編集をする

### ① パターンの編集画面の出し方

登録したパターンは自分が思っていたよりも大きかったり、余白が少ないと感じることがほとんどです。そんな時は、登録済みのパターンを修正します。自分で登録したパターンをダブルクリックすると、パターンの編集画面に変わります。

### ② パターンの編集画面の見方

この画面は登録したパターンを編集するための画面です。中心の色の濃い部分がオブジェクトを編集する部分で、周りの色の薄くなっている部分は、パターンにした際の作成イメージを表しています。

### ③ パターンオプションについて

パターンの編集画面ではパターンオプションも一緒に開かれます。ここでパターンの並び方などを変更できます。

④ **パターンの並び方を変更する**

パターンの並び方は「タイルの種類」から変更できます。タイルの種類は大きく分けると3種類あります。

グリッド　　レンガ　　六角形

グリッド
レンガ
六角形

さらにレンガと六角形では、縦と横で並び方が変わります。

⑤ **パターンの余白を作る**

パターンに余白を作りたい場合は、パターンタイルツールをクリックします。青い線で囲まれている部分が、パターンとしてリピートしている部分になります。

⑥ **ドラッグで余白を調整**

パターンタイルツールをクリックした後はこの青い線を拡大縮小できるので、ドラッグで大きさを変えて余白を調節することができます。

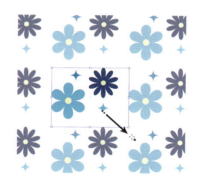

⑦ **編集画面から抜ける**

パターンの修正が終わったら左上の完了をクリックすると、パターンが修正されています。なお、パターンの編集画面で色を変更したりオブジェクトの変更や追加をしたりすると、そのままパターンも修正されます。

## Level 3
## 7 綺麗にイラストを整列させたい
### 〜①整列パネルの使い方

Illustratorでは基本的に選択ツールなどでオブジェクトの移動を行いますが、中心を揃えたり、均等に揃えたりする場合はもっといい方法があります。それが整列パネルを使った方法です。

## 整列パネルの基本

### ① 整列パネルの出し方

整列パネルは、ウィンドウ＞整列から開くことができます。

### ② 整列パネルについて

この機能を使うと、複数のオブジェクトを指定した方法で素早く並べ替えられます。

## ③ 「オブジェクトの整列」の種類

パネル上部にあるオブジェクトの整列では、次の並べ替えができます。

・水平方向左に整列
・水平方向中央に整列
・水平方向右に整列

これは要するに文章の左揃え、中央揃え、右揃えと同じです。

水平方向左に整列

水平方向中央に整列

水平方向右に整列

## ④ 「オブジェクトの垂直」の種類

また、同じ要領で垂直方向があります。

・垂直方向上に整列
・垂直方向中央に整列
・垂直方向下に整列

これも要するに上揃え、中央揃え、下揃えです。

垂直方向上に整列

垂直方向中央に整列

垂直方向下に整列

## ⑤ こんな時に使える：左端に整列

初期設定の状態では、アートボードを基準にして整列するようになっています。ですので、水平方向左に整列をクリックすると、アートボードの左端に移動します。

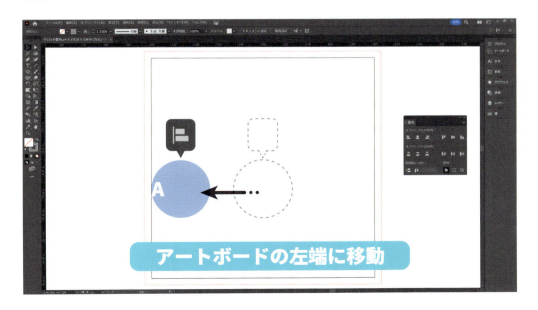

7 綺麗にイラストを整列させたい～①整列パネルの使い方

## ⑥ こんな時に使える：中央にオブジェクトを持ってくる

よく使う整列方法に、水平方向中央に整列と垂直方向中央に整列があります。水平方向中央に整列と垂直方向中央に整列を続けてクリックすると、オブジェクトをアートボードの中央に配置できます。

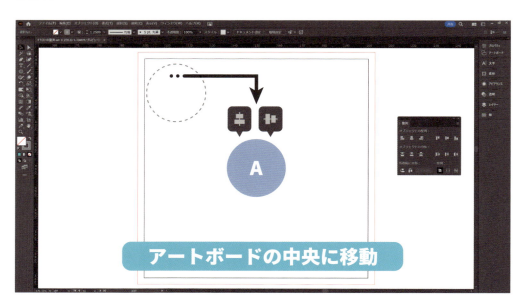

## 指定したオブジェクトを基準に整列させたい

### ① こんな時どうする

アートボードに対してではなく、基準となるオブジェクトがある場合の整列について紹介します。「靴は揃えましょう」ということで、位置がバラバラのスニーカーを下端で揃えたいとします。ちなみに、スニーカーのイラストは、それぞれがグループになっています。

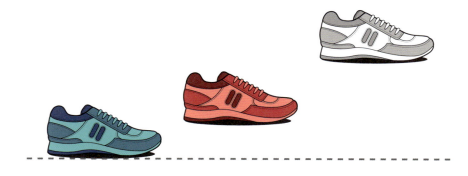

## ② 基準となるオブジェクトをクリック

すべてのイラストを選択した状態で、基準となるオブジェクトを1回クリックします。参考図では一番下にある靴をクリックしました。するとクリックしたオブジェクトだけ一回り太い線で表示されます。これが基準として選択された状態です。

## ③ 「垂直方向下に整列」をクリック

そのまま垂直方向下に整列をクリックすると、下端で揃います。この基準となるオブジェクトのことを「キーオブジェクト」といいます。

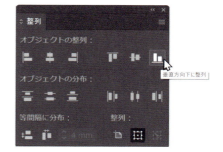

## 均等に整列

### ① こんな時どうする

イラストとイラストの間を均等にしたい場合に使う方法がこちらです。

### ② 水平方向等間隔に分布をクリック

不均等に配置されているオブジェクトを選択し、水平方向等間隔に分布をクリックします。するとオブジェクトからオブジェクトまでの距離を等間隔にすることができます。これも垂直方向、水平方向があります。用途に合わせて選んでみてください。

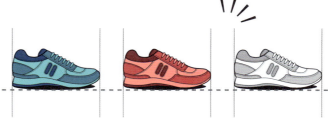

7　綺麗にイラストを整列させたい〜①整列パネルの使い方　　137

## 綺麗にイラストを整列させたい
## 〜②ガイドを使って整列させる

▶ ガイド

整列パネル以外では、ガイドを使って手動で整列させる方法があります。ガイドとは、オブジェクトやテキストを正確に配置するための補助線のことです。

## ガイドの作成方法

 **定規を表示する**

任意の場所にガイドを表示する場合は、まず定規を表示します。表示＞定規＞定規を表示をクリックします。

## ② 定規が出る場所

画面の端に数字が表示されている部分が定規です。

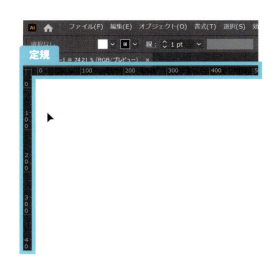

## ③ ドラッグでガイドを作成

定規の部分からドラッグをはじめ、任意の場所で指を離すと、その位置にガイドを作成することができます。

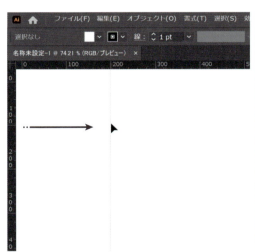
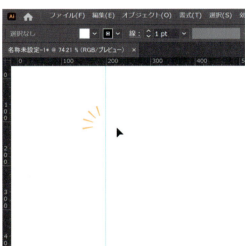

## ④ こんな時に使う：手動で揃える

ガイドは、近い位置にオブジェクトを持っていった時にピタッとくっつくような仕様になっています。これを「スナップ」といいます。手動で位置を揃えたい時に使用します。

## ガイドに関するその他の操作

### ① ガイドに関する項目を表示する

ガイドに関する操作は、表示＞ガイドから行うことができます。

### ② ガイドを表示／隠す

完成形を確認する時など、ガイドが邪魔に感じた時は非表示にすることができます。ガイドが表示されている状態では、ガイドを隠すという項目が表示されます。これを選ぶと、ガイドが非表示になります。反対に、ガイドが非表示の時はガイドを表示するという項目が表示されます。

### ③ ガイドをロック／ロック解除

作成したガイドは基本的にロックをして使います。というのも、ガイドはドラッグをすると位置を変更できる仕様になっていて、まちがえて触ってしまうと位置が動いてしまい、基準線としての役割が果たせなくなるからです。そこでガイドをロックするのが、ガイドをロックです。これを選ぶと、ガイドを選べない状態となり動かなくなります。反対にガイドがロックされている状態では、ガイドをロック解除と表示されます。

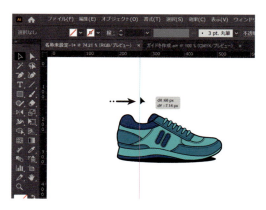

ガイドを作成／解除

長方形ツールで作成した四角形などをガイドとして変換することができます。それがガイドを作成です。四角形を選んだ後、ガイド作成を選ぶとガイドに変換されます。こうして作成されたガイドをオブジェクトの状態に戻す操作が、ガイドを解除です。なお、定規から作成したガイドには使えません。

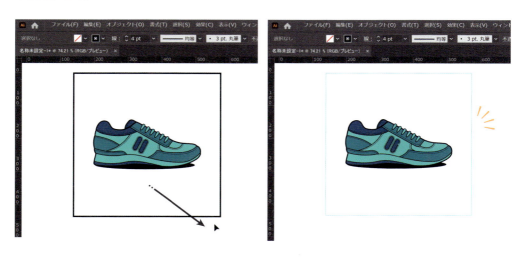

### ガイドを消去

ガイドを消去を選ぶと画面上のガイドがすべて削除されます。もし個別でガイドを削除したい場合は、ロックを解除した状態でガイドを選択し Delete キーで削除できます。

# Level 3
# 9 四角から生成AIでイラストを描く

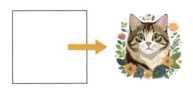

新しいIllustratorには画像生成AIが搭載されていて、たとえば四角形を描ければその枠内にイラストを生成できます。それが、ベクター生成AI・生成ベクターという機能です（バージョンによって呼び方が変わります）。ただしそれが使えるのは、2023年10月以降にバージョンアップしたIllustratorです。Illustratorのバージョンが28.0以降であればベクター生成が、28.6以降であれば生成ベクターや生成塗りつぶしなどの機能が使えます。

## ベクター生成AIが使えるか確認する

### ① Illustratorのバージョンを確認する

Illustratorのバージョンの確認は、Windowsならヘルプ＞Illustratorについて、MacならIllustrator＞Illustratorについてから確認できます。上部に表示されている数字が28.0より大きいかどうかを確認してみてください。

### ② ベクターデータで画像を生成できる

ベクター生成AIは、Adobeが運営する写真やイラストを購入できるサイト「Adobe Stock」の画像から学習して画像を生成しています。そのため著作権を侵害せずに生成することができます。ただし、2024年9月時点でベータ版の機能となっている点はご承知おきください。生成されるのはすべてパスでできているベクターデータです。そのため色や形の修正が可能となります。種類は大きく3タイプに分かれます。

## 生成塗りつぶし（シェイプ）（Beta）

### ① 生成塗りつぶしの基本

生成塗りつぶしは、パスの形を指定してそこを塗りつぶすようにイラストが生成されます。ためしに長方形から作ってみましょう。

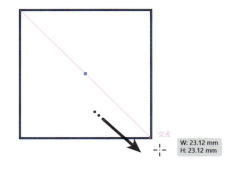

### ② 生成塗りつぶしを適用

オブジェクト＞生成塗りつぶし（シェイプ）(Beta)から生成できます。もし生成ベクターが見つからない場合は、オブジェクトをクリックした後、プロパティを探してみてください。

### ③ プロンプトを入力する

「プロンプト」という欄に自分が作りたいイラストのキーワードやイメージする言葉を入力します。ここではシンプルに「黒い猫」と入力しています。その下にあるスライダーも生成に影響します。「シェイプの強度」は元にした図形の形をどのくらい維持するのか？を決め、「ディテール」は、生成する画像の描き込み具合を決められます。

9　四角から生成AIでイラストを描く　143

## ④ 「生成」をクリックすると生成

入力し終えたら、パネル下側の生成をクリックするだけで画像が生成されます。

## ⑤ イメージ通りの画像を作るには

生成した結果をより自分のイメージに近づけるためには、言葉を付け足したりしながら生成するといいでしょう。たとえば、プロンプトを「たくさんのフルーツに囲まれる黒い猫」にするとたくさんのフルーツが追加されます。

## ⑥ 図形の形に合わせて生成される

また、生成塗りつぶしでは長方形以外からも生成ができます。丸でも星でもかまわないのですが、面白いのが人物の形です。人物のアウトラインを作成してから生成塗りつぶしで、「スーツ姿の女性」と入力するとスーツや顔などが描きこまれます。

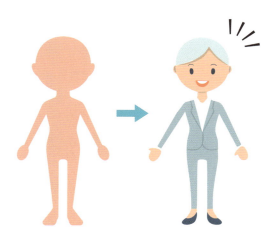

# 生成ベクター（Beta）

## ① 生成ベクターの基本

生成ベクターは、ファイル＞生成ベクター（Beta）から始められます。生成ベクター（Beta）では生成塗りつぶしとは違い、長方形などの形を指定せずに生成も可能です。ただ、生成する大きさを決めるためにも、一度四角形を作ってから生成するのがおすすめです。

## ② 生成塗りつぶしとの違い

生成ベクターは、生成塗りつぶしで使える「スタイル参照」「効果」「カラーとトーン」というプリセットのほか、「コンテンツの種類」というプリセットを追加で指定できます。以下から詳しく見てみましょう。プロンプトに「猫」とだけ入力した場合、どのように変化していくでしょうか？

# プリセットを指定するとどう変わる？

## ① コンテンツの種類の基本

コンテンツの種類では、生成するコンテンツを選べます。シーン、被写体、アイコンの3種類から選択可能です。

　　シーン　　　　　被写体　　　　アイコン

②　**スタイル参照の基本：
参照画像を用意する**

スタイル参照は参考画像を基に、類似したスタイルの画像を生成します。参考画像（今回は焼き鳥を持った猫）を用意したら、スタイル参照をクリックします。

③　**スタイル参照の基本：
アセットに参照画像を指定**

右上のアセットを選択をクリックしたあと、参照する画像をクリックします。

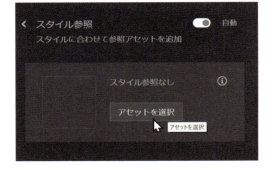

④　**スタイル参照の基本：
「生成」をクリック**

その後に生成をクリックすると、参照画像の色や要素をある程度受け継いだ画像になります。ちなみに、プロンプトも参照画像に合わせて「焼き鳥を持った笑顔の猫」などに変更すると、より参照画像に近づいた画像が生成されます。

## ⑤ 効果の基本

効果には、フラットデザイン、幾何学、落書き、ピクセルアート、ローポリ3D、ミニマリズム、アイソメトリック、コミック、3Dの9種類があります。効果を選ぶだけでかなり印象の違う画像が生成されます。

フラットデザイン

幾何学

落書き

ピクセルアート

ローポリ 3D

ミニマリズム

アイソメトリック

コミック

3D

## ⑥ カラーとトーンの基本

カラーとトーンでは色などのイメージを選べます。白黒、落ち着いたカラー、暖色、寒色、鮮やかなカラー、パステルカラーの6つのプリセットが用意されています。これもプリセットを選ぶだけで、異なる雰囲気の画像が作成可能です。

白黒

落ち着いたカラー

暖色

寒色

鮮やかなカラー

パステルカラー

## 生成パターン

### ① パターンの生成もAIでできる

ウィンドウ>生成パターンから、パターンの生成も生成AIで可能です。境目のないパターンが作成できるので、どこまで伸ばしても柄になっています。

Level 3

# 10 よく聞くけどよくわからない「アピアランス」ってなに？

これまでのLevel3では、図形を変形してイラストにしてきました。Level3の最後は、アピアランスについてです。なじみのないアピアランスという言葉ですが、これまでに度々使ってきた機能の一つで、ドロップシャドウで影をつけたり、リボンをワープで変形させたりしたのは、すべてアピアランスという機能でした。アピアランスは、覚えると制作スピードが劇的にアップします。概要を覚えてから、アピアランスを設定してみましょう。

## アピアランスの基本

### ① 「アピアランス」＝「外見」「見た目」

アピアランスという言葉は日本語にすると「外観」や「見た目」といった意味になります。オブジェクトやパスに対し「ウィンドウ＞効果」から効果をかけた時、見た目を変化させている効果の総称が「アピアランス」です。この時注目してほしいのは、オブジェクトやパスの形自体は変わっていないことです。

### ② 見た目だけが変わる

リボンの時に使った「ワープ」は、リボンの見た目が上へ湾曲するようになりました。ですが実際のオブジェクトの形はまっすぐのままになっています。つまり、見た目「だけ」が変化したということです。

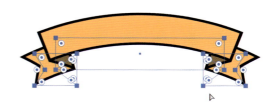

## ③ 効果をコピーできる

アピアランスは見た目を変える効果のことです。この設定した効果は、形が違うオブジェクトにも有効で、コピーして使うことができます。たとえばドロップシャドウの時には、アピアランスを他のオブジェクトへ移す操作をしました。このようにうまく使うと効率よくデザインが進んでいきます。

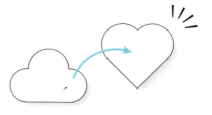

アピアランスはコピーできる

## ④ アピアランスの確認方法

ウィンドウ>アピアランスをクリックで出てくるアピアランスパネルから、どんなアピアランスがかかっているか確認することができます。

## ⑤ 「点線」などもアピアランス

ワープやドロップシャドウはウィンドウ>効果から設定しましたが、実は点線などもアピアランスの1つです。そのためひと言で言い表すのはなかなか難しいのですが、要するに「シンプルな状態のまま、見た目をカスタマイズできる効果」と言えるでしょう。では、楕円を使って、アピアランスを1つ作ってみたいと思います。

10 よく聞くけどよくわからない「アピアランス」ってなに？ 149

## 下準備：こなれた印象の楕円を作る

**① 楕円形を描く**

その前にせっかくなので、ちょっと差がつく楕円の作り方をご紹介します。まず楕円形ツールでドラッグして楕円を描きます。

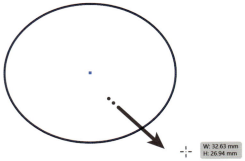

**② 楕円のカーブを変える**

ダイレクト選択ツールでパスの半分をドラッグして選び、キーボードの左矢印キーを数回押します。反対側も同じ回数だけ矢印キーを押し、ハンドルを伸ばします。

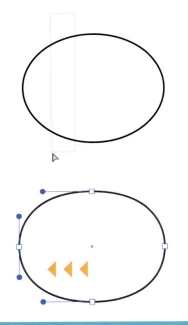

キーボードの左矢印を押す

**③ こなれた丸のできあがり**

するとカーブが変わり、すこし味わいのあるこなれた印象の丸になります。

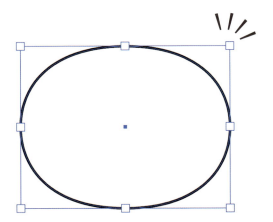

## 「塗りを増やす」ことでできること

### ① 新規塗りを追加する

通常、オブジェクトの塗りと線は1つだけですが、アピアランスパネルから新たな塗りを追加できます。アピアランスパネルの左下、新規塗りを追加をクリックします。

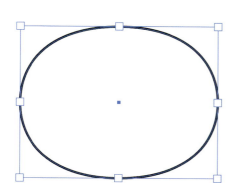

### ② 塗りが増える

塗りが1つ追加され、塗りが2つになりました。

### ③ 追加した塗りの色を変更する

アピアランスパネルに追加された塗りをクリックし、カラーパネルから色を変更します。例では#F6D52Eと入力し、黄色にしています。

## ④ アピアランスの順番を変更する

アピアランスも重なる順番によって見た目が変わります。上から順に表示されているため、今は楕円が黄色く見えています。

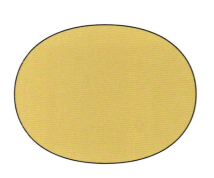

## ⑤ ドラッグ＆ドロップで順番を変えると

順番を変更する時は、ドラッグ＆ドロップで変更できます。黄色の塗りを一番背面に移動させました。

## ⑥ 見た目が変わる

もともとあった白い塗りが上にあるため、今度は白く見えています。

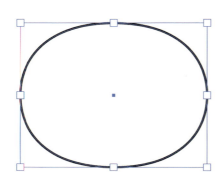

### ⑦ 表示の位置を変更することもできる

新規効果との組み合わせで、オブジェクトの位置から塗りをずらすこともできます。

### ⑧ パスの変形を使う

黄色の塗りの位置を少しだけずらします。黄色の塗りをクリックしてから、新規効果を追加＞パスの変形＞変形を選びます。

10　よく聞くけどよくわからない「アピアランス」ってなに？

## ⑨ 変形効果の数値を変更する

このパネルから移動ができます。移動の水平方向・垂直方向に数値を入れOKを押すと、黄色の塗りだけが移動しています。

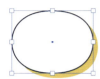

## ⑩ 完成図

なお、今設定したアピアランスを他のオブジェクトにもコピーし、色や形を変えると、最初の画像ができます。

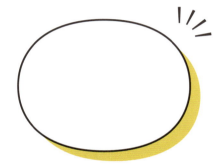

## ⑪ アピアランスのコピーはスポイトツールで

他のオブジェクトへのコピーはコピーさせたいオブジェクトを選んだあとスポイトツールを選んで、クリックするだけです。まだまだいろいろ使えるアピアランスですが、他の使い方はLevel4以降で説明していきます。

# Level 4

## 文字を変形させると
## ロゴになる

# Level 4
## 1 文字入力のきほんのき

Level4では文字にまつわることを紹介していきます。文字入力の基本や文字の整え方、フォントの変更などはもちろん、図形の時のように文字を変形させてロゴにするところまでを紹介します。まずは基本の「き」となる文字の入力についてみていきましょう。

## 基本の文字ツール①：ポイント文字

### ① 入力の仕方

文字の入力は、左のツールバーにある文字ツールから入力していきます。ここは先に紹介した通りですが、文字ツールで画面をクリックするとそこから文字を入力できるようになっています。この入力方法をポイント文字といいます。

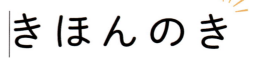

### ② ポイント文字の拡大縮小

文字を入力するエリアに制限はなく、この状態で選択ツールで拡大縮小をすると、文字の大きさが変わります。

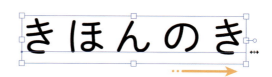

## 基本の文字ツール②：エリア文字

### ① エリア内文字

対して、文字ツールでドラッグから入力し始めると文字の入力エリアを決めることができます。この入力方法をエリア内文字といいます。

### ② 文字の入力範囲を決める

文字を入力するエリアを先に決めておく方法で、端まで入力された場合は折り返して表示されます。またこの状態で拡大縮小をすると、入力エリアが拡大縮小されます。

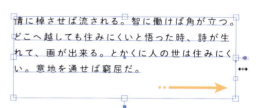

### ③ エリア文字の拡大縮小方法

右側から出ているハンドルをダブルクリックすると、バウンディングボックスで文字の拡大縮小ができるようになります。

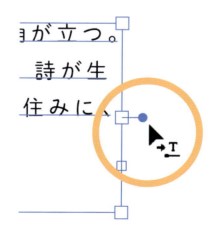

1 文字入力のきほんのき 157

## 縦書きの入力について

### 1 縦書き専用のツールがある

縦書きの入力は、文字ツールを長押しで出てくる文字（縦）ツールを使います。ここから入力し始めると、縦書きで文字を入力することができます。すでに横書きで書いた文字を縦書きに直したい場合は、書式＞組み方向＞縦組みをクリックすると縦書きになります。

## 縦中横（たてちゅうよこ）の設定について

### 1 縦書きの中で横表示したい

縦書きの文字を入力する際、数字やアルファベットなどを横向きに表示したい場合は「縦中横」という機能を使います。

### 2 縦中横の設定方法

まず、縦中横に設定したい文字を選択します。複数文字でも設定可能です。選択できたら、文字パネルの右上から縦中横を選びます。文字パネルについては次のパートで詳しく説明します。アルファベットの場合は、「縦組み中の欧文回転」を使うのが便利です。

158

## Level 4

# 2 文字の設定を直したい

情に棹させば流される。智に働けば角が立つ。どこへ越しても住みにくいと悟った時、詩が生れて、画が出来る。人の世は住みにくい。意地を通せば窮屈だ。

情に棹させば流される。智に働けば角が立つ。どこへ越しても住みにくいと悟った時、詩が生れて、画が出来る。人の世は住みにくい。意地を通せば窮屈だ。

文字を入力していると、文字と文字の間隔や、行と行の間隔がおかしく感じることがあります。そんな時の直し方について解説していきます。

## 文字パネルの基本

### ① 文字パネルの場所

文字の設定で何かがおかしい、変だなと思った時はウィンドウ＞書式＞文字から文字パネルを開いてみましょう。

### ② 文字パネルについて

文字パネルでは、文字の大きさや、文字と文字の間隔、行と行の間隔を直すことができます。色（カラー）を設定する時はカラーパネルから行うのと同様、文字の設定は文字パネルから行えます。

### ③ 文字の大きさを直す

文字パネルでは左上のフォントサイズから、文字の大きさを直すことができます。数値で文字の大きさを指定することができます。

### ④ 行の間隔を直す

行と行の間隔が気になる時は、右上の行送りを設定します。「行送り」はいわゆる行間です。通常は自動に設定されていますが、修正したい場合は欄に数値を入れて直します。数値を大きくすると行の間隔が広がります。フォントサイズの1.5倍から2倍くらいを目安とするといいでしょう。

### ⑤ 文字の間隔を直す

文字から文字までの間隔を直す時はトラッキングを設定します。「トラッキング」は文章全体の文字の間隔を調節する項目です。数値を大きくすると、文字と文字の間隔が広がります。

## 特定の文字の間隔を直す

### ① カーニング

特定の文字の間隔を直す時は、カーニングという項目を設定します。

### ② こんな時に使える

たとえば「1196」という数字では9と6の間隔だけが特別狭く見えます。こういった特におかしく見える場合の間隔を修正する時に使います。普通の文章に出てきた場合は直す必要はありませんが、ロゴや見出しなどで使う場合はカーニングで修正するとよいでしょう。

### ③ 修正の方法

間隔を修正する時は、文字ツールで9と6の間にカーソルを合わせてからカーニングを設定します。カーニングの数値を大きくすると、文字と文字の間隔を広げることができます。

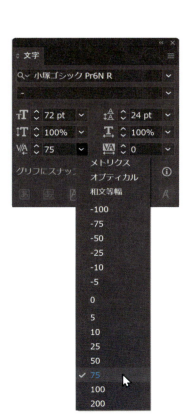

Level 4

3

# おしゃれなフォントを使いたい

ここではIllustratorへのフォントの追加・変更方法について解説します。どんなフォントが選べるのか？ どうやってフォントを変更するのか？ どんな注意点があるのか？ 見ていきましょう。

## Adobe Fontsの基本

### ① Adobe Fontsの使用条件

Adobe Fontsは、Adobeの単体プランやコンプリートプランに加入していれば、追加料金なしで世界的に有名なフォントやバリエーションに富んだ日本語フォントが使い放題というサービスです。商用利用も可能で、商標登録もできるという優れた条件で利用できます。

## フォントの入れ方

### ① 文字パネルから入れる

IllustratorにAdobe Fontsからフォントを入れるには、文字パネルのフォント名が表示されている部分（フォントファミリを設定）の、下向きの矢印をクリックします。

162

## ② フォントの一覧を表示する

さらに検索をクリックすると、Adobe Fontsに登録されているフォントの一覧が表示されます。

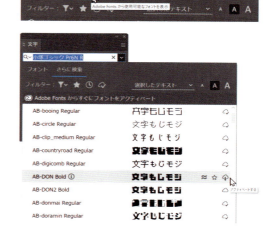

## ③ 「アクティベート」を選ぶ

気に入ったフォントを見つけたら、右側のアクティベート（雲のマーク）をクリックするとフォントが使えるようになります。

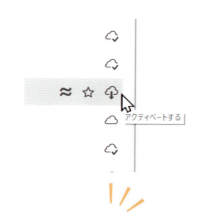

# Adobe Fonts

---

📖 **用語解説：アクティベート**

アクティベートというのは「有効化」という意味があるようです。クリックしてすぐに使えるようにはならず、しばらく待つ必要があります。時間が経てば使えるようになりますので、焦らず待ってください。アクティベート済みのフォントは、右側の雲のマークがディアクティベート（無効）になり、これをクリックするとフォントを削除することができます。

3 おしゃれなフォントを使いたい

## フォントの探し方

**① アクティベートしたフォントを探す**

アクティベート後のフォントを探すときは、アクティベートしたフォントを表示をクリックすると、一覧で表示されます。

**② 分類ごとから探すこともできる**

フィルターからセリフ、サンセリフ、手書き書体など条件を指定して探すことができます。

**③ おすすめフォント**

有名なフォントと私のおすすめのフォントをいくつか紹介します。よければアクティベートしてみてください。

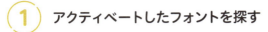
欧文フォント

Futura PT

DIN 2014

Bodoni URW

Trajan Pro 3

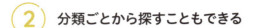
日本語フォント

源ノ角ゴシック

源ノ明朝

A-OTF UD 新ゴ Pr6N L

A-OTF リュウミン Pr6N L-KL

164

## Adobe Fontsの注意点

### ① フォントの提供が終了することがある

Adobe Fontsは新しく追加されるフォントもあれば、提供が終了するフォントもあります。提供が終了したフォントを使っていた場合、フォントが正しく表示されないことがあります。

### ② 他のPCで正しく表示できるとはかぎらない

フォントはPCにそのフォントが入っているかどうかで、正しく表示できるかどうかが決まります。そのためアクティベートしたフォントが、他のPCでも正しく表示できるとは限りません。

### ③ 読み込みに時間がかかる

使い放題ではありますがあまり多くのフォントをアクティベートすると、読み込みに時間がかかることがあります。最小限にしておくのがおすすめです。

以上の点は注意して使うようにしましょう。なお、フォント提供の終了や、他のPCで正しく表示するための対策については次のページで解説します。

## 商用利用可な画像が集まるAdobe Stock

### ① Adobe Stockとは

関連して、おしゃれな無料画像が使えるAdobe Stockについても簡単に触れておきます。Adobe Stockは、写真、イラスト、動画、ベクター素材などを提供するストックサービスです。商用利用が可能で、無料で使える画像も充実しています。

### ② 本書の画像の元ネタもAdobe Stockが主

本書でもいくつか、Adobe Stockの画像を使用しています。たくさんの素材を使いたい場合は有料プランもありますが、まずは無料の画像から気軽に試してみてください。本書で使用した画像の番号も本文中に記載しているので、Adobe Stockの公式サイトの検索欄にそれをそのまま打ち込めば、ダウンロードも可能です。気になる画像があった場合、お手元で試してみたい場合に使ってみてください。

Level 4

# 4 文字をパスに変換したい

Adobe Fontsの提供の終了や、他のPCで正しくフォントを表示するための対策として効果的な方法の一つが、文字のアウトライン化です。

## アウトライン化とは

### ① 文字の形をした図形にすること

文字のアウトライン化とは、簡単にいうと文字をパスに変換することです。パスに変換してしまえば、文字の形をした図形という扱いになるので、フォント情報がなくても正しく表示することができます。

文字　　図形

## アウトライン化の手順

### ① 文字を選択

パスに変換したい文字を選択します。

## ② アウトラインを作成

メニューから書式＞アウトラインを作成を選択します。ショートカットは Ctrl (Command) + Shift + O です。これで文字がパスに変換されます。

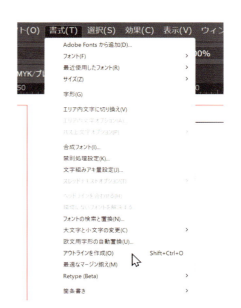

## ③ アンカーポイントを動かしたりできる

パスに変換された文字は、図形と同じようにアンカーポイントを動かしたりすることができるので、より自由に編集することが可能です。

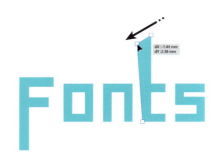

## アウトライン化の注意点

### ① 文字としては編集ができなくなる

文字をアウトライン化すると、文字としての編集ができなくなります。文字パネルでの編集や文字の打ち直しはもちろん、なんのフォントを使ったのかも分からなくなってしまいます。そのため、アウトライン化をする前には元のテキストをコピーしておいたり、ファイルを別名で保存しておくなどバックアップを残しておくことをおすすめします。

4　文字をパスに変換したい　167

## Level 4-5 部分的に文字の色を変えたデザイン

デザインメイキング

文字をパスに変換することで、より様々な編集が可能になります。たとえば文字の一部の色を変えるなどの操作ができます。ここではその具体的な手順を紹介していきます。

### 一緒に操作してみよう：アウトライン化する

**① 文字を入力**

文字ツールで文字を入力します。なお、お手本では「カラーシフト」という言葉にしましたが、色を変えた文字にあう言葉を選んだだけで、今回の操作を一般にカラーシフトと呼ぶわけではありません。フォントはAdobe FontsのAB-suzume Regularです。

**② 文字のアウトラインを作成**

書式＞アウトラインを作成から、文字をパスに変換します。

**③ グループを解除**

パスに変換された文字は、全体が1つになるようにグループになっています。思い通りに編集するため、オブジェクト＞グループ解除でいったんグループを解除します。

### ④ 複合パスを解除

また文字のアウトラインを作成しパスにすると、複合パスの状態になっています。これをオブジェクト＞複合パス＞解除してあげることで、細かい部分まで編集が可能になります。

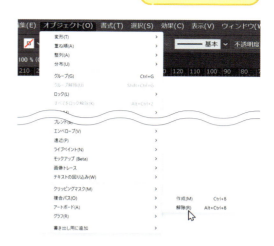

## 一緒に操作してみよう：色を変更する

### ① ナイフツールに切り替える

部分的に色を変更するには、パスを切り分ける必要があります。消しゴムツール長押しで出てくる、ナイフツールで切り分けます。ナイフツールは、フリーハンドで手軽にパスを分けられます。

### ② ドラッグで切り分ける

たとえば「カ」を選択したあと、ナイフツールで色を変更したい部分をドラッグします。

### ③ 分かれたら色を変更

するとパスが分かれたので、色を変更できるようになります。

④ **お手本で使っている色**
変更する色はこちらを使っています。

#68A9CF

#E78385

#231815

⑤ **ほかの文字も色を変えて**
同様に、他の文字も色を変えていきます。

⑥ **文字をつけたして完成**
文字の下に英語で「colorshift」という言葉と、使用した色を添えて完成です。

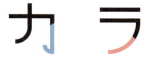

📖 **用語解説**

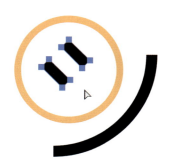

複合パスとは、複数のパスを組み合わせて1つのパスとして扱う機能です。通常のパスよりも複雑な形状やデザインを作成することができます。「ラ」や「シ」のように複数の図形でできている文字や、穴のあいたドーナツ状のパスなどは代表的な複合パスです。

Level 4

## 6 文字の一部をイラストにする

デザインメイキング

次は文字の一部をイラストにしていきます。漢字など文字の一部をイラストに置き換えることによって、より表現豊かにイメージを膨らませる文字にすることができます。

### 一緒に操作してみよう：アウトライン化

**① 文字を入力**

文字ツールで塩と入力します。フォントはAdobe FontsのDNP 秀英明朝 Pr6 Bです。

**② 文字のアウトラインを作成**

書式＞アウトラインを作成から、文字をパスに変換します。

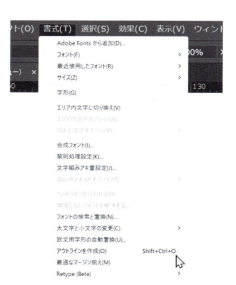

6 文字の一部をイラストにする 171

③ **イラストに置き換える場所の目星をつける**

今回は、塩の中の「口」という部分を「おにぎり」に置き換えたいと思います。ここを「おにぎり」にすると、すぐ下に皿という漢字もあり、ちょうどいい位置関係です。

④ **ペンツールに切り替える**

まず、口という部分が他の部分とくっついているため切り離します。ペンツールを使ってみましょう。

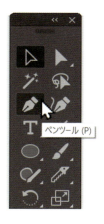

⑤ **線を引く**

ペンツールでアンカーポイントからアンカーポイントまで線を引きます。最初のアンカーポイントをクリックした時にアンカーポイントが削除されてしまう場合は、Shiftキーを押しながらクリックしてください。

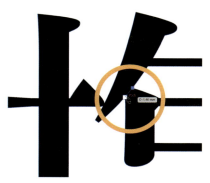

⑥ **口の部分を削除する**

シェイプ形成ツールで口の部分を削除します。文字と先ほど描き込んだ線を一緒に選択し、Alt（Option）を押しながらドラッグで削除です。先ほどペンツールで描いた線は、Deleteキーで削除します。

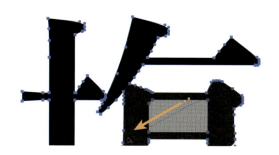

デザインメイキング

## 一緒に操作してみよう：おにぎりの要素を作る

### ① 三角形を描く

まず、多角形ツールに切り替えます。口があった部分に図形を描きます。

### ② 好みの角度やサイズに整える

ドラッグ中にキーボードの下矢印を押して三角形にし、Shift を押して角度を固定します。ちょうどいい大きさになったらドラッグしている指を離します。線の太さは文字の太さを参考にしながら決め、位置を整えます。

### ③ 角を丸くする

三角形をクリックし、コーナーウィジェットをドラッグして角を丸くします。バランスを見て少し横長の三角形に修正しました。

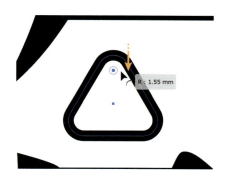

6　文字の一部をイラストにする　　173

④ **のりをつける**

長方形ツールでのりになる長方形を作成します。

⑤ **粒を描き込む**

ブラシツールでおにぎりの粒をイメージした線を描き込みます。

⑥ **塩を描き込む**

周りに塩をイメージした正円を描きます。楕円形ツールを選び、Shiftキーを押しながら小さなグレーの丸をいくつか描き込みます。

⑦ **たくあんを描き込む**

左下のスペースに、楕円形ツールでShiftキーを押しながら正円を描きます。

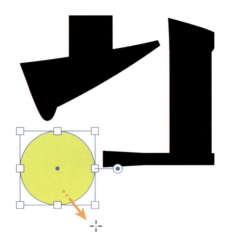

## ⑧ 下のアンカーポイント＋ハンドルを削除する

下のアンカーポイントを、ツールバーのペンツール長押しで出てくるアンカーポイントの削除ツールで削除し、ハンドルはアンカーポイントツールでクリックして削除します。

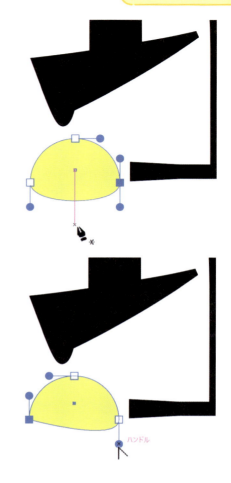

## ⑨ 文字を入れて完成

塩おむすびを意味する「salt rice ball」と入力し、90度回転させ隣に並べて完成です。

6　文字の一部をイラストにする　175

## Level 4
## 7 一部の文字だけを強調したい

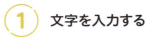

文字の大きさに強弱をつけたり色を変更すると、自分が見てほしいところを強調する効果があります。大きさを変えた文字を別で入力して表示しても同じようにデザインできますが、文字を入力する際に、選びなおしてから入力する必要があるなど、少し面倒なデメリットもあります。そのため、程度にもよりますが同じテキスト内で文字に強弱をつけた方が効率よくデザインできます。

### 大きさと色の変え方

**① 文字を入力する**

文字ツールで文字を入力します。フォントは小塚明朝 Pro Bを使用しています。

文字の強調

**② 文字ツールでドラッグ**

文字ツールで大きくしたい文字をドラッグすれば、特定の文字を選択できます。選択した後にフォントサイズを変更すると、指定した文字だけ大きさが変えられます。

## ③ ショートカットからでもできる

ショートカットは Ctrl（Command）+ Shift + <で小さく、Ctrl（Command）+ Shift + >で大きくなります。

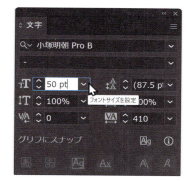

## ④ 色の変更も同じ要領

またドラッグした状態で色を変更すると、その部分だけ色が変わります。

## 文字の上下の揃え方

### ① こんな時どうする

文字の大きさを変えると、文字がズレて見えます。これは文字の配置の基準となる線からずれてしまうからです。この基準となる仮想的な線をベースラインと言います。

## ② ズレて見える原因は中央揃えだから

このズレて見える原因は、文字が上下の中央で揃うように設定されているからです。下端で揃うように設定すると整った配置になります。

## ③ 揃え方を変更してあげる

文字の下端でそろえる時は、文字パネルの右上のメニューから文字揃え＞中央ベースライン＞欧文ベースラインを選ぶと直ります。以上のようにすると、効率よく文字を強調することができます。

## Level 4

## 8 文字に枠をつけたい

Illustratorでは基本的に塗りや線はオブジェクト1つに対してそれぞれ1つですが、アピアランスを使うと2つ、3つと増やしていくこともできます。こうして文字に複数の枠線をつけていった文字を「袋文字」や「フチ文字」と言います。

### 一緒に操作してみよう：フチ文字

**① 文字を入力**

文字を入力します。フォントはVDL ロゴ JR ブラック BKです。

**② 色はなしにする**

色は、塗りも線もどちらもいったんなしにします。

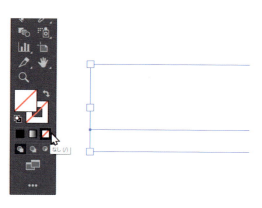

③ **アピアランスパネルを表示**

塗りや線は、図形の変形で登場したアピアランスから増やすことができます。ウィンドウ＞アピアランスからアピアランスパネルを出します。

④ **新規線を追加**

左下の「新規線を追加」で新しい線を増やします。

⑤ **線の色と太さを設定する**

線の設定は、今回は1つ目の線は白で3pt、2つ目の線は黒にして6ptに設定しました。

⑥ **二重に線を持つフチ文字になる**

まだ塗りが設定されていませんが、白い線と黒い線が二重になった文字になりました。

デザインメイキング

## 一緒に操作してみよう：グラデーションをかける

### ① 文字にグラデーションをかける

次に、アピアランスパネルから塗りにグラデーションを設定していきます。通常Illustratorでは、文字の塗りにグラデーションをかけることはできません。ですが、アピアランスの塗りであればグラデーションがかけられるという仕様になっています。

### ② グラデーションを設定する

塗りをクリックした後にグラデーションをクリックします。ここからグラデーションを作成すると、文字にグラデーションがかかります。

8 文字に枠をつけたい　181

### ③ 反映する

文字にグラデーションがかかりました。ただ、これだと冒頭のサンプルと見え方が違います。何故でしょうか？

### ④ アピアランスの順番で見え方が変わる

以前にも説明しましたが、アピアランスにはオブジェクトやレイヤーと同じで重なる順番があります。一番下にある塗りが文字本来の太さですが、白い線、黒い線の隙間からしか見えないため、かなり細く見えるのが現在の表示です。「ス」の文字を分解すると、3ptの白い線が最前面にあり、その隙間から黒い線（6pt）と塗りが見える状態です。次の黒い線は白い線の2倍の太さで、内側と外側に広がっています。一番下にある塗りは文字本来の太さですが、白と黒の線に隠れているため、細く見えています。

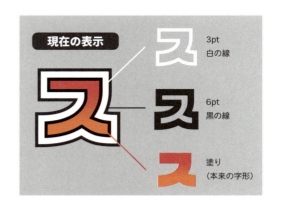

### ⑤ 完成形のアピアランスの順番

完成形のアピアランスでは、塗り＞白い線＞黒い線、の順番になっています。そうすると、本来の字形から外側にはみ出た白い線と黒い線だけが見えるようになり、線が二重に見えるようになります。

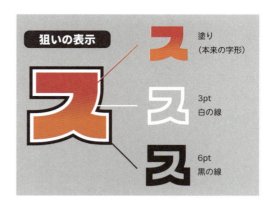

## ⑥ アピアランスの順番を変える

以上を踏まえて、塗りを順番の一番上に移動させましょう。アピアランスの順番は、項目をドラッグ＆ドロップで移動できます。

## ⑦ 完成

無事にお手本の形になりました。

## ⑧ 袋文字の使い道

袋文字は、ロゴやタイトルデザインなど、様々な場面で活用できます。文字の輪郭を太くすることで、存在感を強調したり、背景に負けない可読性が生まれたりします。

## ⑨ アピアランスで作成するメリット

アピアランスで作成するメリットは文字の打ち直しができることです。文の修正や別の機会でまた使うことが分かっている場合は、アピアランスで作成しておくと効率的に作業が進められます。

# Level 4

## 9 飛び出す文字を作りたい

立体的な文字の作り方にはいくつかありますが、その中でアピアランスを使った1つの方法を紹介します。

### 一緒に操作してみよう

**① 文字を入力**

文字ツールで文字を入力します。フォントはDogma OT Blackを使います。

**② 中央揃えに変更**

文字を選択した状態で、画面上部のコントロールパネルから文字を中央揃えにします。

184

③ 文字の大きさなどを整える

文字の大きさや行間を図のように整えます。

④ 色もすべてなしにしておく

文字の色は塗りも線もなしに設定します。

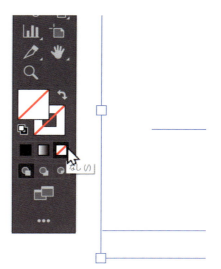

⑤ アピアランスを設定する

ウィンドウのアピアランスからアピアランスパネルを開きます。

## ⑥ 新規塗りを追加

「新規塗りを追加」をクリックして、それを白い塗りにします。また、線は黒に設定します。

## ⑦ 重なる順番を変更

ドラッグ＆ドロップで線は塗りの背面へ移動させます。

## ⑧ 線を20ptに変更

線の太さを20ptに設定したのがこちらです。

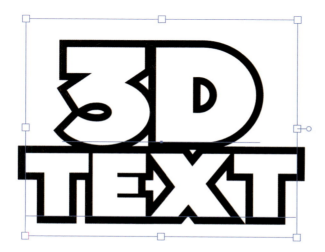 

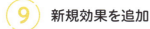

## ⑨ 新規効果を追加

線をクリックしてから新規効果を追加＞パスの変形＞変形を選択します。

## ⑩ コピーを設定する

コピーに120と入力します。コピーに数値を入れると、その数だけ図形が同じ位置にコピーされます。ただ、この時点では見た目の変化はありません。

## ⑪ 移動を入力する

続いて移動の水平方向・垂直方向に数値を入力します。ここでは例として水平方向1px・垂直方向1pxと入力してみました。黒い線が右下に伸びていくのがわかります。移動に数値を入力すると、通常はその分だけ線が移動します。今回の場合はコピーに数値を入れているため、「コピーしてから1px移動」が120回繰り返されていることになります。結果、影のついた文字をつくることができました。

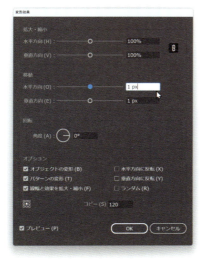
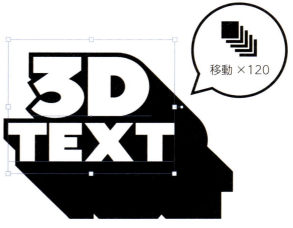

9　飛び出す文字を作りたい　　187

## ⑫ 立体感をつける

拡大縮小を99％、垂直方向2pxと入力します。

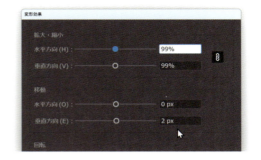

## ⑬ 立体的な影がつく

OKを押すと立体的な影が付きます。適正な数値は用途や画像の大きさによって変わりますので、適宜変更してください。

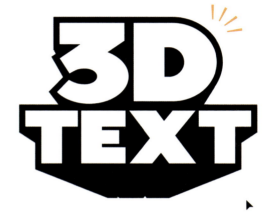

## ディティールをきれいに：角を丸くする

### ① 拡大するとギザギザしている

拡大すると繰り返しコピーされているのがわかりますが、角が目立つとカッコ悪く感じられます。これを目立ちにくくするのが角を丸くする設定です。

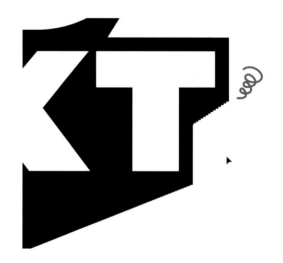

② **ラウンド結合をする**

ウィンドウの線から線パネルを開き、角の形状でラウンド結合を選びます。

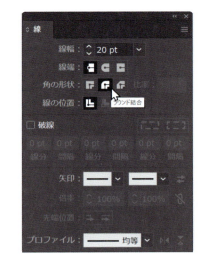

③ **角が丸くなった**

そうすると角が丸くなり、コピーが目立ちにくくなります。

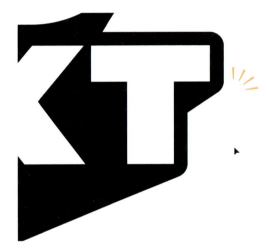

④ **文字の打ち直しも簡単**

アピアランスで作成されているため、文字の打ち直しも可能です。

Level 4

# 10 塗りつぶしで文字を作成したい

これまでは既存のフォントを使ってデザインを作成してきましたが、ここではIllustratorでオリジナルの文字を作成してみます。

## 一緒に操作してみよう：塗りつぶしの下準備

### ① 線の仕切りを作る

今回使うのは、他のソフトでいう「塗りつぶし」のような機能で、線で仕切られた部分をワンクリックで着色します。当然文字だけでなくイラストの着色などにも応用できます。まずは線の仕切りを作っていきましょう。

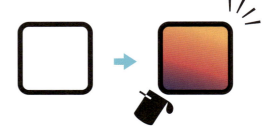

### ② 垂直線を描く

ペンツールで垂直な線を描きます。 Shift キーを押しながらクリックすると垂直な線を描くことができます。わかりやすい色を設定しておくと後で便利です。

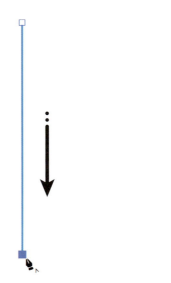

## ③ 線をコピーする

Alt（Option）を押しながら選択ツールで右に線を移動させるとコピーができます。この移動した幅が文字の太さになります。

## ④ 等幅で移動させておく

移動する距離を正確に決めたい場合は、コピーしたいオブジェクトを選択したうえで選択ツールをダブルクリックします。移動距離の数値を入力しコピーをクリックすると正確な移動ができます。

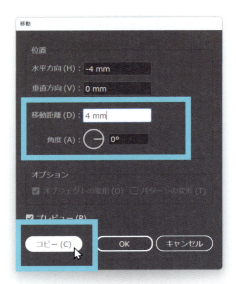

## ⑤ 同じ動作を繰り返す

今コピーした線が選択された状態でオブジェクト＞変形＞変形の繰り返しを選びます。これは直前の動作を繰り返す操作です。

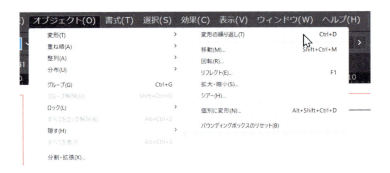

10　塗りつぶしで文字を作成したい　191

## 6 移動コピーの動作が繰り返される

つまり、コピーした後すぐであれば、移動しながら線をコピーした動作が繰り返されます。移動する距離もまったく同じに繰り返されるため、等間隔で3本目ができます。

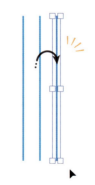

## 7 12本まで増やす

この操作で線を12本に増やします。繰り返しのショートカットキー [Ctrl]（[Command]）+ [D]を使うと簡単です。

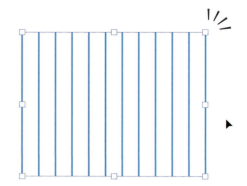

## 8 回転コピーをする

全体を選択し回転ツールをダブルクリックします。角度60度に設定しコピーをクリックすると回転しながらコピーされます。

## 9 同じ動作を繰り返す

ここでも先ほどと同様に繰り返しを1回行い、図のようにします。この線が文字を作成するグリッドとなり、規則性のある文字を作成できるようになります。

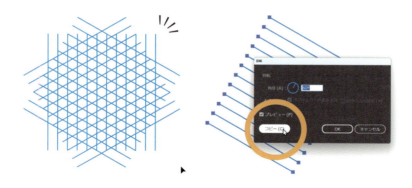

## 一緒に操作してみよう：文字の塗りつぶし

### ① 文字の塗りつぶしとは

塗りつぶしと表現していますが、正確にはライブペイントツールという機能を使います。ライブペイントの準備として、グリッド全体を選びオブジェクト＞ライブペイント＞作成をクリックします。これでグリッドに合わせて塗りつぶしができるようになります。

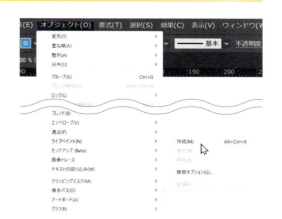

### ② ライブペイントができない場合

ライブペイントツールでは隙間がある場合はうまく塗りつぶすことができません。もしうまく塗りつぶすことができない場合は、隙間ができていないか？　線を確認してみてください。

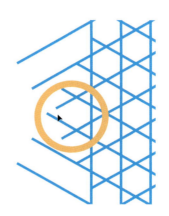

### ③ ツールバーからライブペイントツールを選ぶ

ツールバーのシェイプ形成ツールを長押しして、ライブペイントツールを選びます。

10　塗りつぶしで文字を作成したい　　193

## ④ ドラッグして塗りつぶす

ライブペイントツールは、ドラッグした部分を塗りつぶします。塗りつぶす色は塗りや線に設定された色です。

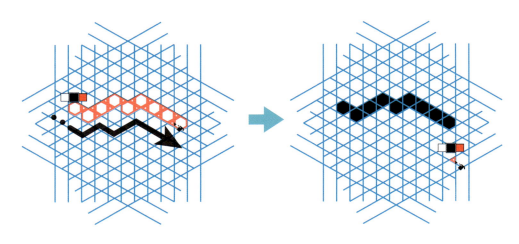

## ⑤ 矢印キーで色が変わる

また、ライブペイントツールに変えた状態でキーボードの右矢印または左矢印を押すと、塗りつぶす色が変わります。スウォッチの色が順番に出てきているのですが、後で色も変えられるので分かりやすい黒などで塗りつぶすのがおすすめです。もしまちがえて余分な所を塗りつぶした時も、この方法で塗りなしを選ぶと修正が簡単です。

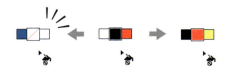

キーボードの ← or → で色が変わる

## ⑥ 塗りつぶしていく

グリッドを塗りつぶしていきます。例では、アルファベット3字を想定した大きさでやっています。太陽という意味の「sun」を作成していきます。

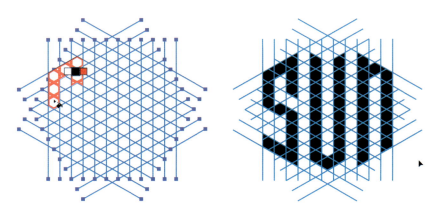

## ⑦ 拡大して細部を確認する

細かい部分を塗り残しやすいので、拡大して確認するようにしましょう。

## ⑧ ライブペイントを拡張する

塗り終わったらグリッド全体を選択して、オブジェクト＞ライブペイント＞拡張からライブペイントを拡張します。これによって、全体を普通のパスとして扱えるようになります。

## ⑨ グループ解除

ただ拡張したばかりの状態では、全体がグループになっています。文字だけを抜き出したいので、オブジェクト＞グループ解除からグループを解除します。

## ⑩ バラバラの文字を合体する

グループを解除すると、ライブペイントで着色した文字はすべてがバラバラの状態になります。そのため、グリッドの線と、文字の塗りが入り乱れていて個別で選択していくのは大変です。

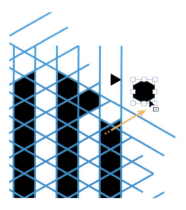

10　塗りつぶしで文字を作成したい　195

⑪ **自動選択ツールに切り替える**

そこでツールバーの自動選択ツールを使います。このツールは近似色などを自動で選ぶツールです。

⑫ **文字の塗りをクリックする**

線と文字の色をまったく違う色に設定してあるので、文字の塗りをクリックするだけで簡単に選ぶ事ができます。

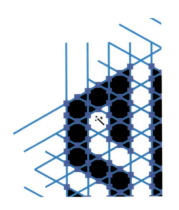
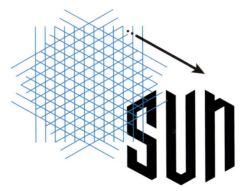

⑬ **文字だけを複合パスに**

文字だけを選んだら、オブジェクト＞複合パス＞作成から複合パスにします。

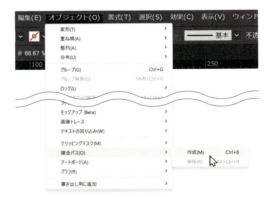

⑭ **色を変えたら完成**

これで文字の色を変えたら完成です。ライブペイントはイラストの着色などにも使えるテクニックなので、いろいろ使ってみてください。

sunshine urban new　　sunshine urban new

Level 4

# 11 モックアップを作成したい

これまでLevel4では文字の変形や文字にまつわることについてやってきましたが、モックアップについてがLevel4の最後となります。ここから画像の配置が登場しますが、詳しくは次のLevel5で説明していきます。一緒にやってみましょう。

## モックアップの基本

###  モックアップとは

モックアップとは、要するにロゴやイラストなどの使用例のことです。実際の商品やシーンにデザインを合成して、完成イメージを視覚的に共有するためのサンプル画像となります。完成イメージを共有することで、相手に自分のデザインについてより理解してもらえるようになります。

11 モックアップを作成したい 197

## 従来式でモックアップを作成する

### ① 画像を用意する

Illustratorではベクターデータだけでなく、写真などの画像データも表示することができます。表示方法は、画像ファイルをIllustratorへドラッグ＆ドロップするだけです。

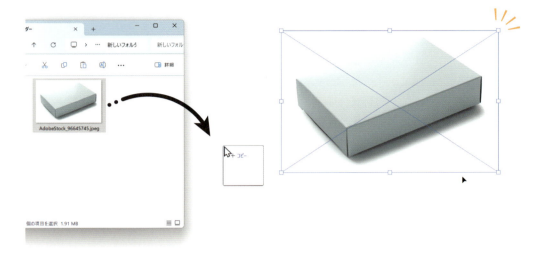

### ② ロゴを画像に載せてみる

画像が配置できたらモックアップを作成していくのですが、傾斜している箱にロゴを載せたい場合などはそのままロゴをのせても、画像に馴染みません。そんな時に使うのが次の方法です。

### ③ 四角を作成する

ペンツールでロゴの入る位置に四角を描きます。箱の形に合わせて描くのがポイントです。なおこの箱は、Adobe Stockの96645745を使用しています。

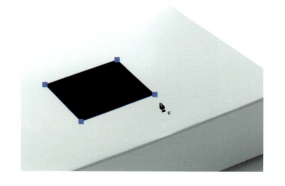

④ **最前面に移動する**

この四角を最前面に移動します。用意してあるロゴよりも前面にあるのがポイントです。

⑤ **エンベロープを使う**

用意してあるロゴと四角を一緒に選び、オブジェクト>エンベロープ>最前面のオブジェクトで作成を選びます。

⑥ **ロゴが形に合わせて変形する**

ロゴが四角形の形に合わせて変形します。エンベロープは、簡単にいうとオブジェクトを変形させる機能です。今回のように、特定の形にフィットさせることができます。

11 モックアップを作成したい 199

## さらになじませるには

### ① 描画モードを変更する

ウィンドウ＞透明の透明パネルから描画モードを変更するとより馴染みます。

### ② 透明パネルの使い方

通常と書かれたところが描画モードです。画像によって変わりますが、この場合であれば乗算にするとより馴染みました。なかなかなじまない場合は、不透明度を少し下げるといいかもしれません。

## モックアップの新しい作り方

ベクター生成AIの時のように、新しいバージョンのIllustratorであれば、モックアップを手軽でリアルに作れるようになっています。

### ① 画像とロゴを用意

画像とロゴを用意します。例の画像はAdobe Stockの542970363です。

### ② オブジェクト > モックアップ > モックアップ

画像とロゴを選んだ状態で、オブジェクト > モックアップ > モックアップをプレビューから作成することができます。

11 モックアップを作成したい　201

③ 自動で画像に合わせてくれる

すると、それだけでモックアップが作成されます。

④ ドラッグで位置を選べる

このモックアップという機能は、画像を自動で判別したうえでロゴを変形させて表示します。ドラッグでロゴを動かすことができ、壁なら壁の角度に合わせてロゴが変形して自然に馴染みます。

⑤ ロゴだけを動かせなくなった時は？

もし操作していてロゴだけを動かせなくなった時は、プロパティのコンテンツを編集をクリックしてみてください。再度、動かせるようになるはずです。

# Level 5

画像を加えて
レイアウトしよう

## Level 5

# 1 画像を配置しよう
## 〜「リンク」と「埋め込み」の違いって？

Level5ではIllustratorで使える画像について解説していきます。イラスト、文字、画像の組み合わせで、様々なものができるようになります。

## 画像の配置方法

### ① ファイル>配置を選択する

Level4のモックアップでは画像をドラッグ＆ドロップで配置しましたが、メニューから配置する方法もあります。

### ② 配置したい写真を選ぶ

ここから画像データを選んで配置することができます。この画像は、Adobe Stockの141564021を使っています。

## ③ 大きさも変更できる

クリックで画像そのものの大きさで配置され、ドラッグすると任意の大きさに配置することができます。

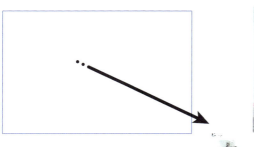

## ④ 画像の種類〜「リンク」と「埋め込み」

配置した画像にはリンクと埋め込みの2種類があります。ドラッグ＆ドロップで配置した画像はリンク画像になります。また、配置の手順で「リンク」にチェックを入れてもリンク画像になります。どちらを使っても見た目に変化はありませんが、それぞれメリットとデメリットがあるので状況に合わせて使い分ける必要があります。

## リンクのメリットデメリット

### ① リンクのメリット：Illustratorが軽い

リンクは、Illustratorが画像データの場所を「参照」して表示している状態です。画像データ自体は、Illustratorのデータとは別に保存されています。そのため、Illustratorのデータサイズは小さくなり、動作が軽くなります。

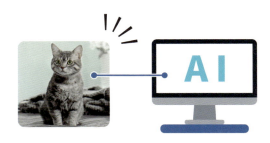

### ② リンクのメリット：画像の変更が自動で更新される

画像の色合いなどを別ソフトで変更した場合でも、Illustratorのデータを開いたときに「リンクファイルを更新しますか？」と表示され、はいをクリックすると変更が反映されます。

### ③ リンクのデメリット：リンク切れ

画像データの保存場所や画像の名前が変わると、Illustratorが画像を見つけられなくなり、表示できなくなります。いわゆるリンク切れという状態になります。同様に、別のPCにAiデータを送った場合なども、画像データも一緒に送らないと画像が表示できなくなります。

## 埋め込みのメリットデメリット

### ① 埋め込みとは

埋め込みは、Illustratorのデータの中に、画像データそのものが組み込まれる状態です。

② 埋め込みのメリット：
リンク切れを起こさない

画像がIllustratorのデータに組み込まれているため、リンク切れが起こることがありません。そのため別のPCにデータを送った場合でも画像データが一緒に送られ、画像が表示されます。

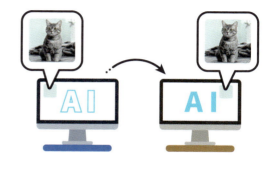

③ 埋め込みのデメリット：
Illustratorが重くなる

画像データがIllustratorのデータに組み込まれるため、データサイズが大きくなります。

④ 埋め込みのデメリット：修正したら都度画像の更新が必要になる

画像を修正した場合は、Illustratorのデータを開いて、再度画像を埋め込む必要があります。自動で更新はされません。

別のソフトで色合いを修正した場合

## リンクのファイルを一カ所にまとめるパッケージ

① パッケージ機能の基本

リンク方式でAIファイルを作成していた場合、リンクしたファイルを一カ所に集める機能があります。それがパッケージです。

1 画像を配置しよう〜「リンク」と「埋め込み」の違いって？ 207

## ② フォントも収集される

この機能を使うと、リンクされた画像やフォントファイルを、一カ所にまとめて保存できます。元のファイルとは別に複製されるため、データを他のPCに渡す際や、印刷所に入稿する際に、データの欠落を防ぐことができます。

## ③ パッケージ機能の使い道

先ほど「フォントも保存される」と言いましたが、他のPCに同じフォントが入っていない場合は、使用するフォントを探し出しアクティベートまたはインストールする必要があります。この手間をなくすために、パッケージ機能では使用中のフォントも一緒に再保存される対象となります。ただし、著作権にかかわるフォントなど保存されないものもあるので注意が必要です。

## リンクと埋め込みの切り替え方

### ① リンクを埋め込みに変更する

リンクを埋め込みに変更するには、画像をクリックしてから画面上部の「埋め込み」をクリックすると変更できます。

### ② 埋め込みをリンクに変更する

逆に、埋め込みの画像をクリックした場合は、「埋め込みを解除」と表示され、クリックするとリンクになります。

## リンクなのか？　埋め込みなのか？　確認したい

① **見た目からはリンクか埋め込みかがわからない**

もともとある画像がリンクなのか？　埋め込みなのか？　分からないことも多いです。

② **リンクパネルを使う**

そんなときは、ウィンドウの「リンク」からリンクパネルを見ましょう。リンクの場合は、右側に鎖のマークがつき、ついていない画像は埋め込みとなります。

③ **リンク⇔埋め込みの変更もできる**

また、リンクパネルの、右上のメニューから「画像を埋め込み」または「埋め込みを解除」を選択することで、リンクと埋め込みを切り替えることもできます。

④ **リンク切れが起きた時は？**

リンク切れが起きた時は、保存先が変わったか、データの名前が変わったかしているはずです。置換をクリックした後に表示したいデータを選ぶことで解決します。

## Level 5
## 2 画像を自由に切り抜こう（トリミング）

Illustratorでは画像を切り抜く方法がいくつかあります。ここでは決まった形で切り抜く方法と、自在に切り抜く方法の2つを解説していきます。

### 手軽に切り抜きたい場合

① **「画像の切り抜き」を押す**

例では先ほどと同じ猫の画像を使用します。画像をクリックすると、画面上部のコントロールパネルに「画像の切り抜き」と表示されるのでクリックします。

② **警告文を見てOKを押す**

この画像の切り抜きは、埋め込まれた画像にしかおこなえません。コピーの画像が埋め込まれますとメッセージが出るのでOKを押します。

## ③ 大きさを決める

画像の端をドラッグすると切り抜く大きさが決められます。大きさが決まったらエンターキーで確定します。

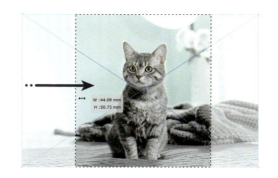

## ④ 切り抜く形は決まっている

この方法は手軽に切り抜きたい時に便利ですが、四角形にしか切り抜くことができません。そこで、もし別の形で切り抜きたい場合やリンク画像のまま切り抜きたい場合は、次の方法がおすすめです。

# クリッピングマスクの使い方

## ① 画像とオブジェクトを用意する

クリッピングマスクは、自分が指定した形で画像を切り抜くことができて、切り抜いたあとも再編集が可能です。まずは画像とオブジェクトを用意します。ここでは画像はAdobe Stockの297441160、オブジェクトは丸を使います。

② **オブジェクトを移動する**

切り抜きたい位置にオブジェクトを移動させます。塗りなしの線のみにしてあると位置を決めやすくなります。

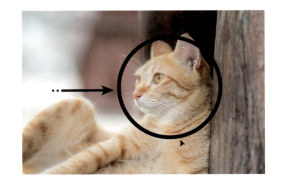

③ **クリッピングマスクをかける**

画像とオブジェクトを選び、オブジェクト＞クリッピングマスク＞作成を選びます。

④ **丸くくり抜かれる**

これで画像を丸く切り抜けます。図形の形を変えれば違う形で切り抜けますし、「画像を切り抜き」とは違い、リンク画像のまま画像を切り抜くことも可能です。

## ⑤ 注意点：重なる順番を確認しよう

クリッピングマスクを使うとき注意したいのは重なる順番です。画像よりオブジェクトが前面にくるようにしましょう。画像より背面に丸があった場合は失敗してしまいます。

## クリッピングマスクを再編集したい時

### ① クリッピングマスクは再編集できる

クリッピングマスクは、画像の一部だけを表示する機能です。画像の見えていない部分は消去されたわけではなく、隠されている状態です。そのため切り抜いた後に、画像の位置や大きさの変更など、再編集が可能となります。

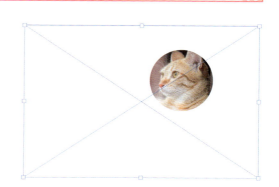

### ② 選択ツールを使った場合

選択ツールで切り抜いた画像をクリックすると、切り抜いた時の丸と画像の両方が選ばれた状態になります。

### ③ 丸と画像全体が移動する

この状態で移動すると、全体が動きます。レイアウトする時などはこの操作です。

④ **ダイレクト選択ツールを使った場合**

対してダイレクト選択ツールでクリックすると、丸ではなく、猫の画像だけが選択されます。

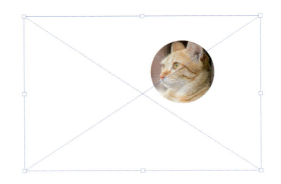

⑤ **画像だけが移動する**

この状態で移動をすると、丸の位置はそのままで、画像の表示位置だけが変わります。その結果、丸の中に写る範囲が変わります。また拡大縮小をすると、画像が縮小されます。

⑥ **「マスクを編集」で確認できる**

どちらが選ばれているかは、左上の「クリップグループ」隣のアイコンで、「マスクを編集」「オブジェクトを編集」どちらが有効になっているかで確認できます。マスクが丸、画像がオブジェクトを表しています。

⑦ **自由なパスで切り抜ける**

ペンツールやブラシツールなどで自由な形にパスを作った後に、画像にクリッピングマスクをかけると面白い形で切り抜けます。

## Level 5

# 3 文字で画像を切り抜くと

クリッピングマスクと文字を組み合わせることで、印象的でバリエーション豊かな文字を作ることができます。ここでは誰もが一度は見たことがあるような画像と文字の組み合わせの例を紹介します。

## クリッピングマスクと文字の例

### ① 透明感のある柔らかい「水彩」文字

水彩で塗られた画像（Adobe Stockの441391250）と水彩　という言葉を合わせると柔らかく透明感があり、紙に描いたような印象の文字になります。

## ② 力強く燃え上がる「炎上」文字

炎が燃える画像（Adobe Stockの393621664）と大炎上　という言葉を組み合わせると今まさに燃え上がっているような印象になります。

## ③ 楽しく活気のある「ポップ」文字

ハーフトーンの画像とポップ　という言葉を組み合わせると楽しく活気のある印象になります。

## ④ 恐ろしく緊張感のある「グランジ」文字

赤と黒のグランジと呼ばれる画像（Adobe Stockの494853364）と恐怖　という文字を組み合わせると恐ろしく緊張感のある印象になります。

## ⑤ 硬質的で優れた印象の「鉄」文字

鉄の画像（Adobe Stockの258635774）と鉄人　という文字を組み合わせると力強く優れた能力をもった印象になります。

## ⑥ 豪華で高級感のある「ゴールド」文字

キラキラとしたゴールドの画像（Adobe Stockの296306369）とゴールド　という文字を組み合わせると文字自体がキラキラ光るような豪華で高級感のある印象になります。

Level 5

# 4 画像をイラストみたいに加工したい

Illustratorでは配置した画像をイラストのように加工することができます。それを画像トレースと言います。画像トレースを行うと、写真などをイラストのように加工できるだけではなく、実際にパスも作られて編集などが可能になります。

## 画像をパスに変換する方法

### ① 画像を配置する

まずはイラストに変換したい画像を配置し、選択ツールで選びます。例はAdobe Stockの383533272です。

### ② 画像トレースをクリック

画面上部のコントロールパネルにある画像トレースをクリックします。

### ③ メッセージに対してOKを押す

画像によっては時間がかかる可能性があるとメッセージが表示される場合があります。経験上待ったとしても10秒から20秒程度かと思います。問題なければOKを押します。

## ④ トレースイメージを確認する

すると画像がパスに変換された時のイメージに切り替わります。この段階ではまだパスに変換はされておらず、イメージ画像のような状態です。

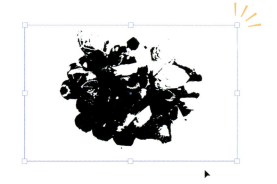

## ⑤ 「デフォルト」をクリックする

画像トレースをクリックしてすぐは白黒のイメージになりますが、この後設定を変更することでイラストらしくなります。画面上部のプリセット「デフォルト」をクリックします。

## ⑥ 精度を変更する

ここからパスに変換する時の精度を変更することができます。おすすめは写真（低精度）で、選ぶとイラストらしく変化します。

## ⑦ 写真（高精度）の場合

ちなみに写真（高精度）だとより詳細に作成されますが、精度が高い分、写真との違いが分かりにくいとも言えます。

## ⑧ 16色変換の場合

16色変換では全部で16色のみで表現されます。

## ⑨ 「拡張」をクリック

プリセットから精度を選んだら、「拡張」をクリックします。

## ⑩ 変換される

パスに変換されました。

## ⑪ より詳細に設定する場合

より詳細に精度を決めたい場合はウィンドウ＞画像トレースで、画像トレースのパネルが開きます。

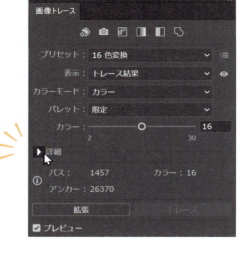

## ⑫ さらに細かく設定したい場合

詳細をクリックすることで、より細かく自由に設定を決めることができます。

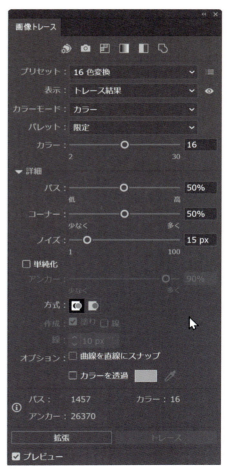

Level 5

# 5 画像やパスに合わせて文字を入れたい

Illustratorでは画像やパスに合わせて文字を入力していくことができます。こうすることで、普通に文字を入力した時よりも人の興味をひく効果があったり、文字が踊っているような楽しい印象になります。

## パスに合わせて文字を入れる

### ① 画像を用意する

Illustratorに画像を配置します。例はAdobe Stockの383533272です。

### ② パスを描く

ペンツールやブラシツールで文字の並びを決めるパスを作成します。おいしいパフェをイメージして、キャラクターの緩んだ口元のような形にしました。

## ③ 文字ツールに切り替える

文字ツールでパスの上にカーソルを合わせます。正しくカーソルが合わせられると波のような形に変わります。

## ④ パスに文字を入力する

その状態でクリックすると文字が入力できるようになります。文字を入力します。

## ⑤ パスは非表示になり文字だけになる

文字の入力に使われたパスは、見えなくなります。もし必要な場合は、文字を入力する前にコピーを取っておくようにしましょう。

5 画像やパスに合わせて文字を入れたい

## 文字が始まる位置を調節する

**① パス上専用の文字ツールもある**

パスの上に文字を入力しましたが、それ専用のツールが文字ツール長押しで出てくるパス上文字ツールです。パス上文字ツールでは文字が始まる位置を調節することができます。丸などの図形に文字を入れたい場合はこちらを使いましょう。

**② 丸を描く**

楕円形ツールで正円を作成します。

**③ 文字を入力**

パス上文字ツールでパスをクリックして文字を入力します。ちなみにフォントはMama Scriptを使っています。

## ④ 選択ツールで位置を調節する

文字のスタートする位置を調節する時は選択ツールで、スタートした位置にカーソルを合わせます。カーソルが右向きの矢印付きになるところが目印です。

## ⑤ ドラッグする

そこをドラッグすると文字の入力位置を調節することができます。

## ⑥ 完成

パス上文字ツールを使うと様々な文字入力ができるようになります。ぜひいろいろ試してみてください。

## Level 5
# 6 画像をよけて文字を打ちたい

配置した画像に合わせて文字を自動で改行し文章を入力していくことができます。レイアウト方法の一つとしてやってみましょう。

## 画像をよける文字の作り方

### ① 画像を配置する

画像を配置します。例はAdobe Stockの223344604です。

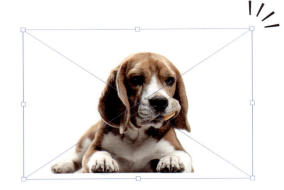

### ② 四角形を作成

長方形ツールで画像全体を覆うように長方形を描きます。これが後で文字を入力するエリアになります。位置を決める時は塗りなしの状態で長方形を作成すると大きさが決めやすいです。

## ③ ナイフツールで分断

消しゴムツールを長押しで出てくるナイフツールで長方形を切り分けます。犬の形に合わせてドラッグして画像をよける位置を決めていきます。

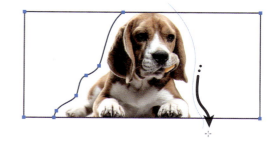

## ④ いらない部分は削除する

長方形が全部で3つに分けられましたが、中心部分は不要なのでデリートキーで削除します。

## ⑤ 文字を入力する

文字ツールで文字の入力エリアを決めます。パスの上にカーソルを合わせクリックします。カーソルが丸に変化した部分が目印です。

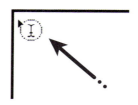

## ⑥ 自動で文字が改行される

クリックしたあと文字を入力していくと先ほどのパスの形に合わせて文字が自動で改行されます。これをエリア内文字と言います。

## ⑦ エリア内文字はツールからも打てる

文字ツールを長押しで出てくるツールに「エリア内文字ツール」というものがありますが、これを使わずとも今の方法で同じことができます。

また、もしナイフツールよりも正確に切り分けたい場合は、ペンツールとシェイプ形成ツールを使って分けるとよいでしょう。

> Level 5
>
> # 7 Illustratorのデータを書き出したい

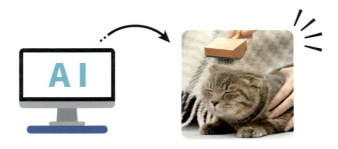

Illustratorで作ったデータは、用途に合わせて書き出しという操作をする必要があります。ここでは書き出しについて解説していきます。

## 書き出しの必要性

 **書き出しとは**

Illustratorで作成したデータを開くためには、Adobeのソフトなど専用のソフトが必要になります。当然ですが、専用のソフトが入っていないPCでは開くことができませんし、データを直接Webにアップロードしても画像として表示することはできません。つまりスマホでとった写真のように誰でも見られるデータにするには、別の形式に書き出す（変換）する必要があります。書き出しをするデータの形式は、データ名の後につく拡張子（.○○○）で確認できます。

② **JPG（ジェイペグ）**

写真などでよく使われる形式です。色数が多い画像に適しており、データが軽くて使いやすい特徴があります。ただし背景を透明にすることはできません。また、保存を繰り返すと画像が劣化していき、もやがかかったような画質になります。

### ③ PNG（ピング）

イラストやアイコンなど色数が少ない画像に適しており、保存し直しても劣化しません。また背景を透明にすることができます。ただし写真のように色数が多い画像だとデータが重くなります。

### ④ PDF（ピーディーエフ）

PCにIllustratorが入っていなくても開ける保存形式で、Illustratorの編集機能を保持したまま保存もできます。入稿などにも使える形式です。

### ⑤ SVG（エスブイジー）

Illustratorと同じベクター形式の保存データです。Webなどにアップロードし画像として表示することができます。

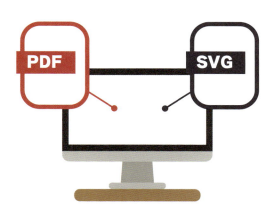

## 書き出し方法①：別名で保存

### ① ファイル＞別名で保存

PDF、SVGなど、一部形式の書き出しはファイル＞別名で保存からもできます。

7　Illustratorのデータを書き出したい　　229

② 形式を選んで保存する

保存する時にファイルの種類をPDFやSVGにして保存してください。PDFのプリセットの設定は、相手先の意向を聞いたうえで決めることをおすすめします。

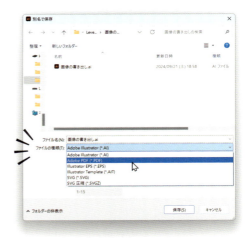

## 書き出し方法②：書き出し＞スクリーン用に書き出し

① ファイル＞書き出しから書き出す

JPGやPNGなどの画像への書き出しはファイル＞書き出しから行えます。ここでは書き出しの中のスクリーン用に書き出しと、書き出し形式について解説します。なお、操作画面にはアートボードが2つあり、それぞれイラストがある状態とします。

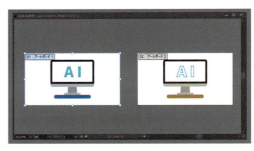

② スクリーン用に書き出しとは

スクリーン用に書き出しは、PCやWebなどモニターで表示する場合に適した書き出し方法です。アートボードごとに書き出すことができます。

## ③ 書き出し設定画面

スクリーン用に書き出しをクリックすると、書き出しの設定を決める画面が表示されます。書き出す時に設定する箇所は次の通りです。

## ④ 書き出すアートボードにチェックを入れる

書き出したいアートボードにチェックを入れて選びます。

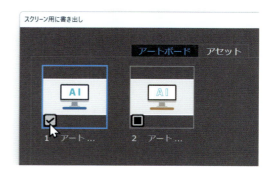

## ⑤ 保存先を決める

保存先を決めます。デフォルトでは保存先に新しく「1x」というフォルダが作成されそこに画像が保存されます。

## ⑥ サイズを決める

スケールを決めます。1xが等倍、0.5xなら1/2、2xなら2倍という具合にここで簡単なサイズ変更ができます。

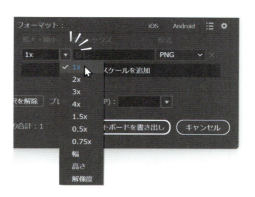

## ⑦ 形式を選ぶ

保存する形式を選びます。JPG形式のうちjpg100は高画質で、jpg20は低画質になります。PNG形式はpngとpng-8の二つの保存形式がありますが、これは色数の違いで、png-8のほうが粗くなります。PNGがおすすめです。

## ⑧ より詳細に設定する

歯車のマークをクリックすると、書き出しの設定を変更できます。たとえばPNGなら、ここから背景を透明に設定できます。

## ⑨ 一通り設定したら書き出す

以上の点を確認したら、アートボードごとに書き出しをクリックで書き出されます。

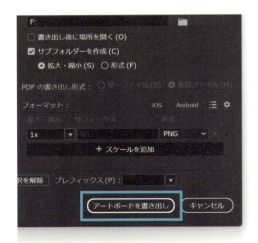

## ⑩「スクリーン用に書き出し」の注意点

スクリーン用に書き出しの注意点は、印刷用の高画質な書き出しには向かないことです。印刷用の高画質な書き出しには300ppiという解像度が必要ですが、この書き出しは解像度が72ppiになります。ppiとは「Pixels Per Inch（ピクセルパーインチ）」の略で、1インチの中にどれだけのピクセルが入っているかという密度を表す単位です。簡単にいうと、数値が大きい方が高画質です。印刷用の高画質な書き出しには次の書き出しを使います。

## 書き出し方法③：書き出し＞書き出し形式

### ① ファイルの種類を選ぶ

書き出し形式からは高画質な書き出しができます。書き出し＞書き出し形式をクリックしたらファイルの種類を選びます。

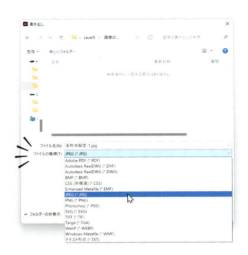

### ② アートボードごとに作成

「アートボードごとに作成」にチェックを入れると、アートボードごとにファイルが書き出されます。こちらを選ぶことがほとんどでしょう。

### ③ オプションパネルを確認する

書き出しをクリックすると、オプションのパネルが開きます。カラーモード、画質を用途に応じチェックしましょう。

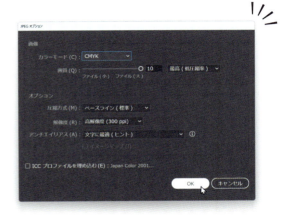

④ **解像度を選ぶ**

Web用なら72ppi、印刷用なら300ppiがおすすめです。OKをクリックすると書き出されます。

## 書き出し方法④：選択範囲を書き出し

① **部分的に書き出したいならこれ**

アートボードにあるうち、特定のオブジェクトなどだけを部分的に書き出したいという時に使うのが選択範囲を書き出しです。

② **ファイル>選択範囲を書き出し**

選択ツールで対象を選んでから、ファイル>選択範囲を書き出しを選びます。

③ **先ほどと同様に設定する**

設定方法は、スクリーン用に書き出しと同じです。

Level 5

# 8 Photoshopのデータを使いたい

IllustratorではJPGやPNGといった画像データの他にPhotoshopのデータ（PSDファイル）も直接開くことができます。さまざまな画像編集ソフトがありますが、Illustratorと連携がとりやすいため、併用するならPhotoshopがおすすめです。

## Photoshopのデータの配置方法

### ① ファイルから配置する

IllustratorにPhotoshopのデータを配置する方法は画像データと同じです。ファイル＞配置からPhotoshopのデータを選べば、画像データと同じように扱えます。この時、リンクにチェックが入っていればPhotoshopの画像を修正した場合でも自動で更新されます。

## Photoshopを使うケース：複雑な画像の切り抜き

① **Illustratorではしんどい画像の切り抜き**

PhotoshopもIllustratorと同じく有料のため、追加でお金はかかりますが、便利な場面はさまざまあります。たとえば図のような複雑な画像は、Illustratorで切り抜こうとすると全身をパスで切り抜いていくしかありません。こんなときにPhotoshopを使うことで複雑な画像切り抜きなどを簡単に行うことができます。例はAdobe Stockの378802745を使っています。

② **オブジェクト選択ツールを使う**

たとえばPhotoshopのオブジェクト選択ツールから

### ③ 自動でモデルを選択

「被写体を選択」で、自動でモデル全体を選択することができます。

### ④ レイヤーマスクで切り抜く

そこからレイヤーパネルのレイヤーマスクをワンクリックするだけで、切り抜くことができます。

8 Photoshopのデータを使いたい

Level 5

# 9 YouTubeのサムネイルの作り方

Level5の最後に、YouTubeのサムネイルの作り方をやってみます。私はたいていの場合Illustratorで YouTubeのサムネイルを作っていますが、その時考えていることや気をつけている点も、あわせて解説します。今まで紹介してきたIllustratorの使い方を、実際どのように使うのか？ を体験してみてください。

## 一緒に操作してみよう①：イラストを配置する

### ① ラフを作成する

まずはラフを考えます。文字の位置やイラストの位置をおおよそ決めます（私が自分用に作る場合はラフを人に見せるわけではないので、頭の中で決めることもあります）。この場合は大きめの文字がメインで、右上にイラストが来ることを想定しています。YouTubeの場合、右下には動画の再生時間が表示されサムネが隠れます。そのためあまり重要な要素を持ってこないようにしています。

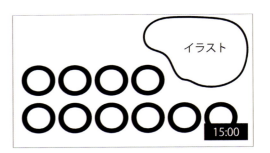

### ② 新規ファイルを作成する

新規ファイルを作成します。YouTubeのサムネイルは1920px×1080pxが推奨サイズとなっています。Illustratorでは新規作成のWebのWeb（大）がちょうどその大きさです。選んだら作成で新規ファイルを作成します。

## ③ イラストを配置する

サムネイルのイメージとなるイラストを配置します。Adobe Stockから、自分のイメージに合うイラストを探しましょう。今回は264917615を使いました。
ファイル＞配置から画像を配置します。

## ④ 画像の大きさが合わない場合

アートボードの大きさにピタリとはまらない画像ですが、いったんそのまま配置します。(実際、ピタリとラフ通りの画像が見つかることは多くありません)。

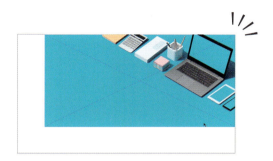

## ⑤ スポイトツールで色を取る

足りない部分は同じ色の長方形ツールで空いた部分を埋めます。スポイトツールで Shift キーを押しながらクリックします。

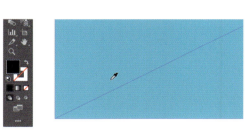

## ⑥ 長方形ツールで穴埋め

同じ色の長方形を作ります。見栄えを考え、まわりに40px程度の余白が残るのを目安としています。

## 一緒に操作してみよう②:文字を入力する

### ① 文字を入力する

次に、一通り文字を入力します。フォントは凸版文久見出しゴシック StdN EBを使っています。そのうえで、フォントサイズを調整します。

### ② フォントによる見え方の違い

文字の大きさはよく声の大きさに例えられます。小さい文字は小さい声で囁いているようです。対して大きい文字は大きな声で自信たっぷりのように感じられます。

個人的には小さめの文字の方が落ち着いた雰囲気があり正直好きなのですが、経験上文字は大きい方がクリックされやすいので大きくしています。場合によってはこの状態でサムネとして完成するのもありだと思いますが、少し派手な方が目を引きやすいため装飾を加えていきます。

## 一緒に操作してみよう②:文字を装飾する

### ① アピアランスパネルを開く

今回は、アピアランスで袋文字にしていきます。「YouTube」と「の」はオレンジに、「サムネ」と「作り方」は青の袋文字にすることにしました。袋文字にしたい文字を選択し、ウィンドウのアピアランスからアピアランスパネルを開きます。文字の塗りはなしにしておきます。

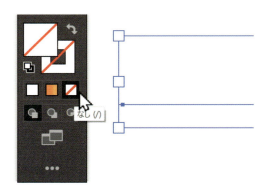

## ② 新規線を追加する

アピアランスパネルから、新規線を2つ追加します。

## ③ 袋文字になるように調整する

それぞれを白い線と黒い線にして、サイズを調整します。また、塗りも設定します。

## ④ 塗りをグラデーションにする

アピアランスであれば、文字の塗りはグラデーションにできます。以上の操作をバランスを見つつ、「YouTube」「サムネ」「の」「作り方」に行ったのが下の画像です。

## 一緒に操作してみよう③：文字にメリハリをつける

### ① 文字の大きさを部分的に変える

続いて見栄え重視で文字の大きさを変更します。基本的に強調したい文字を大きくするのですが、今回強調したい「YouTube　サムネ　作り方」の3つはこれ以上大きくできそうにありません。そこで「の」を小さくします。助詞などを少し小さくすると相対的に他の文字が大きく見えるようになります。

### ② 文字パネルから変更する

文字の大きさの変更は文字パネルのフォントサイズから行います。

### ③ カーニングを設定する

YouTubeのUとTの間は少し近すぎるようです。気になる部分を文字ツールで選び、カーニングで調節していきます。

### ④ 適宜ショートカットも使う

ショートカットは Alt （Option）を押しながら左右の矢印です。自分の感覚で間を調節していきます。

## 一緒に操作してみよう④：最終調整

### ① ギザギザの飾りを入れる

最後にアイキャッチとなるギザギザをスターツールで作成します。

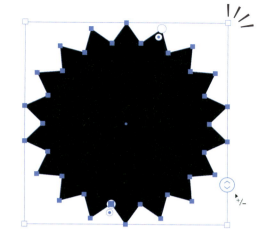

### ② 不透明度を下げて配置

コントロールパネルから少しだけ不透明度を下げて、目立ちすぎない程度に配置します。

### ③ 書き出して完成

今回はYouTubeサムネイルを想定しているため、スクリーン用に書き出しを使います。PNGで書き出して完成です。

# 索引

## 英字

| | |
|---|---|
| Adobe Fonts | 162 |
| Adobe Stock | 142, 165 |
| CMYK | 14 〜 17, 74 |
| HSB | 74 |
| Illustrator | 8, 11, 18, 22, 25 |
| JPG | 228 |
| PDF | 229 |
| Photoshop | 9 〜 10, 235 |
| PNG | 229 |
| ppi | 233 |
| PSD | 235 |
| RGB | 14 〜 17, 74 |
| SVG | 229 |
| YouTube | 238 |

## あ行

| | |
|---|---|
| アートブラシ | 54 |
| アートボード | 22 |
| アートボードごとに作成 | 233 |
| アートボードツール | 23 |
| アウトラインを作成 | 167 |
| アクティベート | 163 |
| あしらい | 47 |
| アピアランス | 38, 112, 148 |
| アピアランスの順番 | 182 |
| アンカー | 57 |

| | |
|---|---|
| アンカーポイント | 31, 36 |
| アンカーポイントツール | 43 |
| アンカーポイントの削除ツール | 81 |
| アンカーポイントの追加ツール | 123 |
| 埋め込み | 204 |
| エリア内文字ツール | 227 |
| エリア文字 | 157 |
| 円形グラデーション | 94 |
| エンベロープ | 199 |
| オープンパス | 58, 76 |
| オブジェクト | 66 |
| オブジェクト選択ツール | 236 |
| オブジェクトの垂直 | 135 |
| オブジェクトの整列 | 135 |
| オブジェクトを再配色 | 83 |

## か行

| | |
|---|---|
| カーニング | 161 |
| 解像度 | 233 |
| ガイド | 138 |
| 書き出し | 228 |
| 重ね順 | 67 |
| 画像トレース | 218 |
| 画像の切り抜き | 210 |
| 合体 | 100, 106, 118 |
| カラーコード | 79 |
| カラーパネル | 73 |
| カラーピッカー | 85, 95 |

| | |
|---|---|
| カラーモード ··············· 14 ～ 17 | 自由変形ツール ··················· 113 |
| カリグラフィー ··················· 90 | 定規 ··························· 138 |
| 刈り込み ························ 120 | 新規塗りを追加 ··················· 151 |
| カンバスカラー ············· 25 ～ 26 | 新規レイヤーを作成 ················ 71 |
| キーオブジェクト ················ 137 | 水彩 ····················· 54 ～ 55 |
| 行送り ························ 160 | スウォッチパネル ············· 75, 130 |
| 雲のイラスト ··················· 107 | ズームツール ····················· 37 |
| グラデーション ······ 10, 93, 98, 181 | スクリーン用に書き出し ······· 230, 233 |
| グラデーションスライダー ········· 95 | スタ―ツール ····················· 65 |
| グラデーションツール ············· 97 | スタイル参照 ··················· 146 |
| グラデーションパネル ·········· 93, 97 | スナップ ························ 139 |
| クリッピングマスク ··········· 211, 215 | スポイトツール ········ 80, 111, 154 |
| グループ ························ 126 | スマートガイド ·············· 19 ～ 20 |
| クローズパス ··············· 58, 76 | 生成再配色 ······················ 86 |
| 効果 > スタイライズ > ドロップシャドウ ······· 111 | 生成塗りつぶし ············· 143, 144 |
| 効果 > パスの変形 > ジグザグ ··················· 38 | 生成パターン ··················· 147 |
| 効果 > パスの変形 > パンク・膨張 ······· 128 ～ 129 | 生成ベクター ··················· 145 |
| 効果 > ワープ > 円弧 ··················· 125 | 整列パネル ··················· 134 |
| 交差 ··························· 119 | セグメント ······················ 31 |
| 合流 ··························· 120 | 線 ···························· 74 |
| コーナーウィジェット ············· 36 | 線形グラデーション ················ 94 |
| コピー＆ペースト ················· 77 | 選択ツール ······················ 32 |
| コントロールパネル ··············· 18 | 選択範囲を書き出し ··············· 234 |
| | 線の位置 ························ 123 |
| | 線パネル ························ 50 |

### さ行

| | |
|---|---|
| 最前面へ ························ 68 | 前面オブジェクトで型抜き ·········· 119 |
| 最背面へ ························ 68 | 前面へ ························ 68 |
| 散布ブラシ ······················ 54 | 前面へペースト ··················· 78 |
| サンプルテキスト ················· 27 | 操作の取り消し ··················· 49 |
| シェイプ形成ツール ··········· 100, 106 | |
| 色域 ··························· 16 |

### た行

| | |
|---|---|
| 自動選択ツール ··················· 196 | タイルの種類 ··················· 133 |

| | |
|---|---|
| ダイレクト選択ツール | 35, 42 |
| 楕円形ツール | 64 |
| 多角形ツール | 64 |
| 裁ち落とし | 13, 17 |
| 縦中横 | 158 |
| 長方形ツール | 62 |
| ツールバー | 19 |
| ディアクティベート | 163 |
| 手のひらツール | 37 |
| トラッキング | 160 |
| トリミング | 210 |
| ドロー系 | 9 |

## な行

| | |
|---|---|
| ナイフツール | 169 |
| 中マド | 120 |
| 塗り | 74 |
| 塗りブラシツール | 88 |

## は行

| | |
|---|---|
| バージョンの確認 | 142 |
| ハートのイラスト | 108 |
| 背面へ | 68 |
| バウンディングボックス | 34, 48 |
| バクダン | 66 |
| パス | 31 |
| パス上文字ツール | 224 |
| パスのアウトライン | 115 〜 117 |
| パスの連結 | 59 |
| パスファインダー | 118 〜 119 |
| 破線 | 50 |
| パターン | 130 |

| | |
|---|---|
| パターンオプション | 132 |
| パターンタイルツール | 133 |
| パターンブラシ | 54 |
| パッケージ | 207 |
| 反転 | 110 |
| ハンドル | 40 〜 41, 84 |
| ピクセル | 12, 17 |
| 描画モード | 200 |
| フォント | 162, 208 |
| 吹き出し | 106 |
| 複合シェイプ | 121 |
| 複合パス | 170 |
| 袋文字 | 179 |
| フチ文字 | 179 |
| 不透明度 | 112 |
| ブラシツール | 45, 89 |
| ブラシパネル | 52 |
| ブラシライブラリ | 53, 55 |
| フリーグラデーション | 94, 98 |
| プリセット | 11, 24 |
| プロパティパネル | 20 |
| プロンプト | 87, 143 |
| 分割 | 120 |
| ペイント系 | 10 |
| ベースライン | 177 |
| ベクター生成AI | 142 |
| ベクターデータ | 9 〜 10, 142 |
| 別名で保存 | 229 |
| ペンタブレット | 46 |
| ペンツール | 30 〜 31, 40, 44, 57 |
| ポイント文字 | 156 |
| ぼかし | 112 |

## ま行

| | |
|---|---|
| 木炭・鉛筆 | 53, 55 |
| 文字（縦）ツール | 158 |
| 文字ツール | 156 |
| 文字のアウトライン化 | 166 |
| 文字パネル | 159, 162 |
| モックアップ | 197 |

## や〜わ

| | |
|---|---|
| 矢印 | 54, 56 |
| ライブペイントツール | 193 〜 194 |
| ラウンド結合 | 189 |
| ラスターデータ | 9 〜 10 |
| リンク | 204 |
| リンク切れ | 206, 209 |
| リンクパネル | 209 |
| レイヤー | 70 |
| レイヤーパネル | 70 |
| ワープオプション | 125 〜 126 |

## ■ お問い合わせについて

本書に関するご質問については、本書に記載されている内容に関するもののみ受付をいたします。本書の内容と関係のないご質問につきましては一切お答えできませんので、あらかじめご承知置きください。また、電話でのご質問は受け付けておりませんので、ファックスか封書などの書面かWebにて、下記までお送りください。

なおご質問の際には、書名と該当ページ、返信先を明記してくださいますよう、お願いいたします。特に電子メールのアドレスが間違っていますと回答をお送りすることができなくなりますので、十分にお気をつけください。

お送りいただいたご質問には，できる限り迅速にお答えできるよう努力いたしておりますが、場合によってはお答えするまでに時間がかかることがあります。また、回答の期日をご指定なさっても、ご希望にお応えできるとは限りません。あらかじめご了承くださいますよう、お願いいたします。

## ■ 問い合わせ先

＜ファックスの場合＞
　　03-3513-6181

＜封書の場合＞
　　〒162-0846　東京都新宿区市谷左内町 21-13
　　株式会社 技術評論社　書籍編集部
　　『Illustrator おてがる入門』係

＜Webの場合＞
　　https://book.gihyo.jp/116

| | |
|---|---|
| カバーデザイン | 西垂水敦 (krran) |
| カバーイラスト | ユア |
| 本文デザイン、DTP | SeaGrape |
| 企画・編集 | 村瀬光 |

# パパッとできて、センスも身につく
# Illustrator おてがる入門

2025 年 03 月 07 日　初版　第 1 刷発行

| | | |
|---|---|---|
| 著者 | 専門学校講師のイラレさん | |
| 発行者 | 片岡　巌 | |
| 発行所 | 株式会社技術評論社 | |
| | 東京都新宿区市谷左内町 21-13 | |
| | 電話　03-3513-6150（販売促進部） | |
| | 　　　03-3513-6185（書籍編集部） | |
| 印刷／製本 | 株式会社シナノ | |

定価はカバーに表示してあります。
本書の一部または全部を著作権法の定める範囲を超え、無断で複写、複製、
転載、あるいはファイルに落とすことを禁じます。
ⓒ2025 専門学校講師のイラレさん

造本には細心の注意を払っておりますが、万一乱丁（ページの乱れ）や落丁（ページの抜け）がございましたら、小社販売促進部までお送りください。送料小社負担にてお取り替えいたします。

ISBN978-4-297-14716-7 C3055
Printed in Japan